Wingtra无人机航测关键技术及工程应用研究

王博　齐静　焦延涛　著

·北京·

内 容 提 要

本书涉及Wingtra无人机操作技术的相关理论及应用，在详细介绍Wingtra无人机系统构成与基本工作原理的基础上，重点研究Wingtra无人机航测系统数据处理技术，系统归纳了Wingtra无人机航测的具体操作步骤，并结合工程应用实例，对Wingtra无人机在地形图航测等工作中的操作技术流程进行详细的介绍。

本书适合Wingtra无人机用户阅读使用，同时，可为无人机驾驶员、数据处理人员提供指导，也可为其他类型无人机用户以及无人机航测领域的广大科研工作者提供参考与借鉴，还可作为理工类院校相关专业的培训教材。

图书在版编目（CIP）数据

Wingtra无人机航测关键技术及工程应用研究 / 王博，齐静，焦延涛著. -- 北京 : 中国水利水电出版社，2022.3
ISBN 978-7-5226-0576-0

Ⅰ. ①W… Ⅱ. ①王… ②齐… ③焦… Ⅲ. ①无人驾驶飞机－航空摄影测量－研究 Ⅳ. ①P231

中国版本图书馆CIP数据核字(2022)第051814号

书　　名	**Wingtra 无人机航测关键技术及工程应用研究** Wingtra WURENJI HANGCE GUANJIAN JISHU JI GONGCHENG YINGYONG YANJIU
作　　者	王博　齐静　焦延涛　著
出版发行	中国水利水电出版社 （北京市海淀区玉渊潭南路1号D座　100038） 网址：www.waterpub.com.cn E-mail：sales@mwr.gov.cn 电话：(010) 68545888（营销中心）
经　　售	北京科水图书销售有限公司 电话：(010) 68545874、63202643 全国各地新华书店和相关出版物销售网点
排　　版	中国水利水电出版社微机排版中心
印　　刷	天津嘉恒印务有限公司
规　　格	170mm×240mm　16开本　12印张　235千字
版　　次	2022年3月第1版　2022年3月第1次印刷
定　　价	**58.00**元

前　言

无人驾驶飞行器（简称无人机，UAV），是利用无线电遥控设备和自备的程序控制装置操纵，或者由车载计算机完全地或间歇地自主操作的不载人飞机，最早应用于军事领域，代替或辅助人类执行危险性较高的军事行动。随着国际局势的变化以及人类生产的需要，无人机逐渐作为专业工具出现在人们视野中，并在农业、测绘、能源、安防、救援等领域发挥着越来越关键的作用。

地形、天气、环境等方面的复杂多变给传统测绘带来了极大的限制与困难，严重阻碍了测绘工作的有效开展，而无人机的出现极大地缓解了测绘领域的诸多困难，一方面无人机从空中进行测绘，摆脱了地形等的限制，使得测绘的范围更广、精确度更高；另一方面，无人机可以很好的代替人工进行测绘工作，在保证测绘准确性的基础上，节省了成本、提高了安全性。但由于无人机自身性能的限制，导致无人机测绘存在获取数据幅宽较短、数据量巨大、重叠度不规则且倾角过大等问题。无人机测绘的这些特点，给传统测绘技术带来了新的挑战，需要在无人机测绘技术及方法上有所创新与突破。

科技作为第一生产力，一直都是关系社会发展的核心问题。人工智能技术也带动了无人机技术的跨越式发展，随着无人机在国土测绘、农业遥感、城市规划、物流运输、交通执法等众多领域更加深入的应用，其实用价值、安全性也在不断的提升，应用领域也在逐渐扩展，并朝着更加安全、更加智能、更加互联的方向发展。

本书集中了作者及研究团队近几年在无人机测绘领域的研究成果，在阐述 Wingtra 无人机系统组成及工作原理的基础上，系统地归纳了 Wingtra 无人机的操作步骤，并结合太湖县风力发电项目、坞罗水库地形图航测、乌海白石头沟三维建模等工程实例对 Wingtra 无人机操作流程进行了深化；对主流的无人机数据处理软件 UAS Master、Global Mapper、PIX4D Mapper 等进行介绍，结合工程实例展示具体操作流程，使其更具实用性与参考价值。

本书第1章、第3章由华北水利水电大学王博编写，第2章、第5章由华北水利水电大学焦延涛编写，第4章由水利部海河水利委员会齐静编写，全书由华北水利水电大学王博完成统稿与定稿工作。

本书得到了华北水利水电大学聂相田教授的指导审阅，并提出了许多建设性意见，中国电建集团北京勘测设计研究院有限公司刘海宇、刘玉含、高立东、谷宏海、郭星伟、阎永军、谭君、魏向远以及华北水利水电大学朱莎莎、刘凯、崔志瑞、范天雨、刘晨、裴亮、简祎、陈虹宏、伊宁、杨斐、张帆、谷鑫、石建有、张妍、李启凯、杨奇、陈紫涵、李敏、许泽帆、叶昕、毛学丰、何流在本书的成稿过程中做了大量的资料收集与整理、软件开发与应用、航测数据采集等工作，在此一并致谢。

为保证本书的实用性和科学性，本书在编写过程中参考和引用了诸多文献，在此向相关作者表示衷心的感谢。由于编者水平有限，书中错误及疏漏之处在所难免，恳请广大读者批评指正。

编者

2022年2月

目 录

前言

第 1 章 无人机概述 …… 1
1.1 无人机简介 …… 1
1.1.1 无人机的定义 …… 1
1.1.2 无人机的发展简史 …… 1
1.1.3 无人机的分类 …… 2
1.1.4 无人机的应用领域 …… 2
1.2 Wingtra 无人机 …… 6
1.2.1 Wingtra 无人机工作原理 …… 6
1.2.2 Wingtra 无人机技术参数 …… 7
1.3 本章小结 …… 9

第 2 章 Wingtra 无人机航测系统数据处理技术 …… 10
2.1 无人机航测系统 …… 10
2.1.1 无人机航测系统优势 …… 10
2.1.2 无人机低空航测系统组成 …… 10
2.1.3 无人机低空摄影测量常用的坐标系统 …… 11
2.1.4 地面控制点布设方案 …… 12
2.2 无人机航测数据处理 …… 14
2.2.1 图像预处理 …… 14
2.2.2 空中三角测量 …… 17
2.2.3 图像拼接 …… 20
2.3 无人机航测图像精度分析 …… 24
2.3.1 影像精度控制要求 …… 24
2.3.2 影像误差对精度的影响 …… 26
2.3.3 相片倾角对精度的影响 …… 27
2.4 本章小结 …… 29

第 3 章 Wingtra 无人机航测操作步骤 …… 30
3.1 任务计划制订 …… 30

3.1.1 环境、地形要求 …… 30
3.1.2 软件要求 …… 30
3.2 Wingtra 无人机外业航飞 …… 35
3.2.1 起飞前检查 …… 35
3.2.2 现场设定飞行 …… 36
3.2.3 飞行中的互动 …… 41
3.2.4 图像储存 …… 43
3.2.5 常见故障及处理措施 …… 46
3.3 Wingtra 无人机内业数据处理 …… 48
3.3.1 影像处理特点及技术流程 …… 48
3.3.2 数据预处理 …… 49
3.3.3 影像拼接 …… 50
3.3.4 影像产品生成 …… 51
3.4 数据处理软件 …… 53
3.4.1 UAS Master …… 53
3.4.2 Global Mapper …… 64
3.4.3 ArcMap 点云裁剪 …… 70
3.4.4 Cloud Compare 点云抽稀 …… 73
3.4.5 南方 CASS …… 76
3.4.6 PIX4D mapper …… 84
3.4.7 Context Capture …… 101
3.5 本章小结 …… 120
第 4 章 无人机航测在土方开挖工程中的应用 …… 121
4.1 发展历程 …… 121
4.2 测区表面积计算 …… 121
4.2.1 定显示区 …… 121
4.2.2 选择测点点号定位成图法 …… 122
4.2.3 展点 …… 125
4.2.4 计算表面积 …… 127
4.3 土方量的计算 …… 132
4.3.1 DTM 法土方量计算 …… 132
4.3.2 方格网法土方量计算 …… 145
4.3.3 等高线法土方量计算 …… 148
4.3.4 断面法土方量计算 …… 152

4.4 本章小结 …… 166

第 5 章 Wingter 无人机工程应用实例 …… 167

5.1 太湖县风力发电项目地形图航测 …… 167

5.1.1 项目概况 …… 167

5.1.2 项目前期规划 …… 167

5.1.3 外业航测作业 …… 169

5.1.4 航测数据处理与成果 …… 171

5.2 坞罗水库地形图航测 …… 173

5.2.1 项目概况 …… 173

5.2.2 项目前期规划 …… 173

5.2.3 外业航测作业 …… 174

5.2.4 航测数据处理与成果 …… 174

5.3 乌海白石头沟三维建模 …… 175

5.3.1 项目概况 …… 175

5.3.2 项目前期规划 …… 176

5.3.3 外业航测作业 …… 176

5.3.4 航测数据处理与成果 …… 177

5.4 大沙河渠道地形图航测 …… 178

5.4.1 项目概况 …… 178

5.4.2 项目前期规划 …… 178

5.4.3 外业航测作业 …… 179

5.4.4 航测数据处理与成果 …… 179

5.5 本章小结 …… 181

参考文献 …… 182

第1章 无人机概述

1.1 无人机简介

1.1.1 无人机的定义

无人驾驶飞行器（简称无人机，UAV）是利用无线电遥控设备和自备的程序控制装置操纵，或者由车载计算机完全地或间歇地自主操作的不载人飞机。2018年9月，世界海关组织协调制度委员会（HSC）第62次会议决定，将无人机归类为“会飞的照相机”。

1.1.2 无人机的发展简史

无人机最早在20世纪20年代出现，1914年第一次世界大战期间，英国的卡德尔和皮切尔两位将军向英国皇家航空学会（RAeS）提出了一项建议：研制一种不用人驾驶，而用无线电操纵的小型飞机，使它能够飞到敌方某一目标区上空，将事先装在小飞机上的炸弹投下去。这种大胆地设想立即得到当时英国军事航空学会理事长戴·亨德森爵士的赏识，他指定由A.M.洛教授率领一班人马进行研制。

20世纪40年代，第二次世界大战中无人靶机用于训练防空炮手。1945年，第二次世界大战之后将多余或者退役的飞机改装成为靶机，成为近代无人机使用的先河。自20世纪开始，无人机都被频繁地用于执行军事任务。1982年，以色列航空工业公司（IAI）首创以无人机担任其他角色的军事任务。在加利利和平行动（黎巴嫩战争）时期，侦察者无人机系统曾经在以色列陆军和以色列空军的服役中担任重要战斗角色。以色列国防军主要用无人机进行侦察、情报收集、跟踪和通信。1991年的沙漠风暴作战当中，美军曾经发射专门欺骗雷达系统的小型无人机作为诱饵，这种做法也成为其他国家效仿的对象。1996年3月，美国国家航空航天局研制出两架试验机：X-36试验型无尾无人战斗机，该无人机长5.7m，重88kg，其大小相当于普通战斗机的28%。该无人机使用的分列副翼和转向推力系统，比常规战斗机更具有灵活性，水平垂直的尾翼既减轻了重量和拉力，也缩小了雷达反射截面。无人驾驶战斗机执行的理想任务是压制敌防空、遮断、战斗损失评估、战区导弹防御以及超高空攻击，特别适合在政治敏感区执行任务。20世纪90年代，无人机得到广泛运用，美国军队购买和自制的先锋无人机在对伊拉克的战争中成为可靠的系统。20世纪90年代后，西方国家充分认识到无人机在战争中的作用，竞相把高新技术应用到无人机的研制与发展上：新翼型和轻型材料大大增加了无人机的续航时间；采用先进的信号处理与通信技术提高了无人机的图像传递速度和数字化传输速度；先进的自动驾驶仪使无人机不再需要陆基电视屏幕领航，而是按程序飞往盘旋点，改变高度飞往下一个目标。

1.1.3 无人机的分类

近年来，国内外无人机相关技术都得到了飞速发展，无人机系统种类繁多、用途广、特点鲜明，其在尺寸、质量、航程、航时、飞行高度、飞行速度和任务等多方面都有较大差异。由于无人机的多样性，出于不同的考量会有不同的分类方法：

(1) 按飞行平台构型分类，无人机可分为固定翼无人机、旋翼（单旋翼、多旋翼）无人机、无人飞艇、伞翼无人机和扑翼无人机等。无人机按飞行平台构型分类如图1.1所示。

(2) 按用途分类，无人机可分为军用无人机和民用无人机，如图1.2所示。军用无人机可分为侦察无人机、诱饵无人机、电子对抗无人机、通信中继无人机、无人战斗机以及靶机等；民用无人机可分为巡查/监视无人机、农用无人机、气象无人机、勘探无人机以及测绘无人机等。

(3) 按质量分类，无人机可分为微型无人机、小型无人机、中型无人机和大型无人机。微型无人机质量一般小于1kg，尺寸在15cm以内，小型无人机质量一般为1～200kg，中型无人机质量一般为200～500kg，大型无人机质量一般大于500kg。

(4) 按活动半径分类，无人机可分为超近程无人机、近程无人机、短程无人机、中程无人机和远程无人机。超近程无人机活动半径在15km以内，近程无人机活动半径为15～50km，短程无人机活动半径为50～200km，中程无人机活动半径为200～800km，远程无人机活动半径大于800km。

(5) 按任务高度分类，无人机可以分为超低空无人机、低空无人机、中空无人机、高空无人机和超高空无人机。超低空无人机任务高度一般为0～100m，低空无人机任务高度一般为100～1000m，中空无人机任务高度一般为1000～7000m，高空无人机任务高度一般为7000～18000m，超高空无人机任务高度一般大于18000m。

1.1.4 无人机的应用领域

1. 军事领域

无人机用途广泛、成本低、效率较高、无人员伤亡风险、生存能力强、机

（a）固定翼无人机　（b）单旋翼无人机　（c）无人飞艇　（d）多旋翼无人机　（e）伞翼无人机　（f）扑翼无人机

图 1.1　无人机按飞行平台构型分类

动性能好和使用方便，在现代战争中有极其重要的作用。例如，2020 年 9 月底到 2020 年 10 月初，亚美尼亚和阿塞拜疆之间爆发了激烈的武装冲突。在此次冲突中，阿塞拜疆空军大量使用无人机摧毁了亚美尼亚陆军的防空阵地/防空导弹兵器、坦克装甲车辆、火炮等武器装备，还使用无人机持续监控战场，取得了战场主动权，以至于人们惊呼“无人机在这场冲突中已经成为战场主角”。此外，无人侦察机可用于完成战场侦察和监视、定位校射、毁伤评估、电子战等任务；靶机可作为火炮、导弹的靶标。

(a) 军用无人机

(b) 民用无人机

图 1.2 无人机按用途分类

2. 民用领域

在民用领域，无人机的用途广泛，可参与交通管理、电力巡检、农业保险、环境保护、影视剧拍摄、灾后救援和遥感测绘等行业工作。

(1) 交通管理工作。随着经济水平的提高，私家车几乎成为每个家庭的必备，与此同时，巨大的交通压力也给相关的监管部门造成了极大困扰。无人机的出现给交管部门优化交通管理、保障出行带来了极大的便利。在遇到拥堵或者重大交通事故时，长距离的堵车时有发生，单凭人力很难在短时间内查找到问题所在，但无人机可以迅速、高效地开展工作，协助交管部门恢复交通；另外，无人机也可以对事故多发路段或者主要路口进行全面的视频采集，便于交管部门针对车流量等情况对重要路段信号灯设置及时做出调整，保障人们的正常出行。

(2) 电力巡检工作。装配有高清数码摄像机、照相机以及 GPS 定位系统的无人机，可沿电网进行定位自主巡航，实时传送拍摄影像，监控人员可在电脑上同步收看与操控。采用传统的人工电力巡线方式，条件艰苦，效率低下，一线的电力巡查工偶尔会遭遇“被狗撵”“被蛇咬”等意外危险。无人机实现了电子化、信息化、智能化巡检，提高了电力线路巡检的工作效率、应急抢险水平和供电可靠率。与此同时，在山洪暴发、地震灾害等紧急情况下，无人机可对线路的潜在危险，诸如塔基陷落等问题进行勘测与紧急排查，丝毫不受路面状况的影响，既免去攀爬杆塔之苦，又能勘测到人眼的视觉死角，对迅速恢复供电大有帮助。

(3) 农业保险工作。利用集成了高清数码相机、光谱分析仪、热红外传感器等装置的无人机在农田上飞行，准确测算投保地块的种植面积，所采集的数据可用来评估农作物风险情况、保险费率，并能为受灾农田定损。此外，无人机的巡查还实现了对农作物的监测。自然灾害频发，面对颗粒无收的局面，农业保险有时候是农民们的救命稻草，无人机在农业保险领域的应用，既可确保定损的准确性以及理赔的高效率，又能监测农作物的正常生长，帮助农户开展针对性的措施，以减少风险和损失。

（4）环境保护工作。无人机在环保领域的应用，可分为三种类型：一类为环境监测，观测空气、土壤、植被和水质状况，也可以实时快速跟踪和监测突发环境污染事件的发展；二类为环境执法，环监部门利用搭载了采集与分析设备的无人机在特定区域巡航，监测企业工厂的废气与废水排放，寻找污染源；三类为环境治理，利用携带了催化剂和气象探测设备的无人机在空中进行喷洒，与无人机喷洒农药的工作原理一样，在一定区域内消除雾霾。无人机开展航拍，持久性强，还可采用远红外夜拍等模式，实现全天候监测，无人机执法又不受空间与地形限制，时效性强、机动性好、巡查范围广，使得执法人员可以及时排查到污染源，一定程度上减轻雾霾的污染程度。另外，无人机的使用大大降低了环境应急工作人员的工作难度，同时工作人员的人身安全也可以得到有效的保障。

（5）影视剧拍摄工作。无人机搭载高清摄像机，在无线遥控的情况下，可以根据节目拍摄需求，从空中进行拍摄。无人机实现了高清实时传输，其距离为5km，而标清传输距离则长为10km；无人机灵活机动，低为1m，高为4～5km，可实现追车、升起和拉低、左右旋转，甚至贴着马肚子拍摄等，极大地降低了拍摄成本。

（6）灾后救援工作。利用搭载了高清拍摄装置的无人机对受灾地区进行航拍，可提供一手影像资料。无人机动作迅速，起飞至降落仅7min，就可完成10万m^2的航拍，对于争分夺秒的灾后救援工作而言，意义非凡。此外，无人机保障了救援工作的安全，通过航拍的形式，避开了那些可能存在塌方的危险地带，将为合理分配救援力量、确定救灾重点区域、选择安全救援路线以及灾后重建选址等提供很有价值的参考。此外，无人机可全方位地实时监测受灾地区的情况，以防引发次生灾害。

（7）遥感测绘工作。遥感测绘，就是利用遥感技术，在计算机上进行计算并且能够达到测绘目的的行为。无人机航测是传统遥感测绘手段的有力补充，具有机动灵活、高效快速、精细准确、作业成本低、适用范围广、生产周期短等特点，在小区域和飞行困难地区的高分辨率影像快速获取方面具有明显优势，随着无人机与数码相机技术的发展，基于无人机平台的数字航摄技术已显示出其独特的优势，无人机与航空摄影测量相结合使得“无人机数字低空遥感”成为航空遥感领域的一个崭新发展方向，无人机航拍在基础测绘、土地资源调查监测等方面具有广阔的应用前景。

1.2 Wingtra 无人机

1.2.1 Wingtra 无人机工作原理

Wingtra 无人机是进口于瑞士的工业级航测无人机，其各项技术均位于世界前列，具有使用方便快捷、航测精度高等特点。

该无人机由五个基本部件组成：一体化机身机翼、两个推进器与两块阻力板，其采用固定翼式设计，可以像直升机一样垂直起降，适应各类地形环境，广泛应用于农业灌溉、地理测绘、抢险救灾、道路规划等领域。地面人员通过智能地面站控制系统操作无人机并规划相应航线和任务，无人机起飞降落均在高精度 GPS 引导下精准起降，且过程无需人员操作，由无人机一体化自动完成。

Wingtra 无人机飞行时会出现两种飞行姿态，无人机启动双桨垂直起飞，达到预定高度后自动切换为固定翼双桨飞行模式水平飞行，降落时自动切换为垂直桨，由原先的水平飞行改为垂直于地面下降状态，依靠尾摄像头的观察完成，降落误差小于 10cm。起降和飞行如图 1.3 所示。

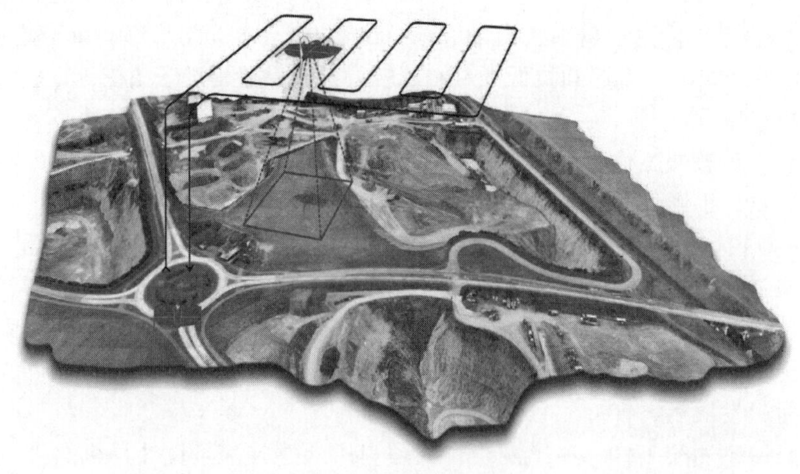

图 1.3 起降和飞行

Wingtra 无人机电池不间断飞行时间约为 1h，作业半径可达 60km。Wingtra 无人机飞行时可设定自动巡航模式，根据预定任务路线自动飞行。根据巡航测量要求，Wingtra 还可以调整不同的负重，形成不同的组装模式。例如偏远地区的物品运送时，可适当增加负重从而提供相应的便利和必要性。针对物流运输、道路规划等领域的要求还可以附加高分辨率激光摄像头，而且该无人机运用了后差分技术，在飞行后飞行数据进行校正，从而提高测量精度。后差分处理效果如图 1.4 所示。

图 1.4 后差分处理效果

1.2.2 Wingtra 无人机技术参数

Wingtra 无人机底部构造如图 1.5 所示，顶部构造如图 1.6 所示。

图 1.5 底部构造

1—襟翼；2—尾部支架；3—空速管；4—螺旋桨；5—电池舱传感器舱；6—相机

Wingtra 航测无人机翼展达 125cm，净重 3.6kg，最大起飞重量 4.4kg，最大荷载 800g，通信距离为 3.9km，在最佳条件下可达 7.9km，最佳巡航速度 53km/h，抗风能力在降落时为 31km/h，巡航中 43km/h，电池为锂离子电池，航时约 1h，可适用多种相机，Sony QX1/20mm 镜头（图 1.7）、Sony RX1RⅡ/35mm 镜头等（图 1.8）。Sony QX1/20mm 镜头参数见表 1.1；Sony RX1RⅡ/35mm 镜头参数见表 1.2。

图 1.6 顶部构造

1—襟翼；2—尾部支架；3—螺旋桨；4—电池舱；5—空速管；6—机顶盖（遮盖相机，电子元器件）；7—一键待飞

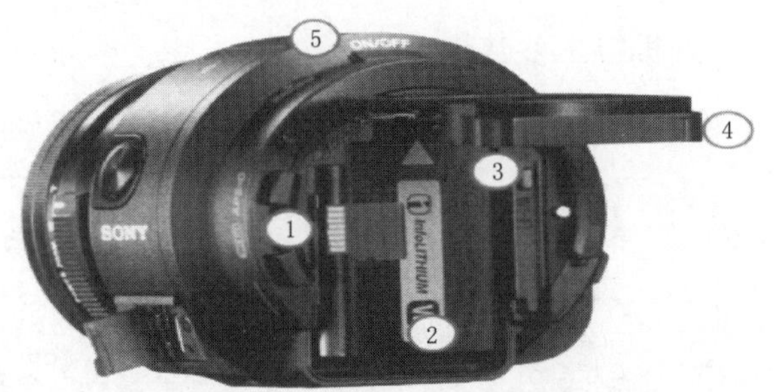

图 1.7 Sony QX1/20mm 镜头

1—SD 卡槽；2—电池舱（相机不靠无人机供电，单独充电）；3—Wi-Fi 按键；4—关闭盖；5—开/关键

图 1.8 Sony RX1RⅡ/35mm 镜头

表 1.1 **Sony QX1/20mm 镜头参数**

传感器像素	2000 万像素	旁向重叠率	60%
传感器焦距	20mm	地面分辨率	3cm/像素
传感器画幅	APS 画幅	飞行高度	113m
单架次覆盖面积	$300hm^2$		

表 1.2 **Sony RX1RⅡ/35mm 镜头参数**

传感器像素	4240 万像素	旁向重叠率	60%
传感器焦距	35mm	地面分辨率	1.5cm/像素
传感器画幅	全画幅	飞行高度	120m
单架次覆盖面积	$200hm^2$		

在飞机机身中心部位安装 Sony RX1RⅡ数码相机，可预防地面灰尘影响无人机的飞行，无人机可精确到达降落地点，并且与地面的接触小，可以较好地保护相机。

1.3 本章小结

本章主要阐述了无人机的定义、发展、分类、应用及 Wingtra 无人机的基本工作原理和主要技术参数。

第2章 Wingtra无人机航测系统数据处理技术

2.1 无人机航测系统

2.1.1 无人机航测系统优势

与传统的遥感平台如卫星、飞机等相比，Wingtra无人机航测系统有以下优势。

1. 操作简单

Wingtra无人机体型较小，起飞和降落不需要专门的场地，在对目标区域进行航测飞行时，可以提前对目标区域进行航线设计，地面监控系统可以通过无线接收实时数据进行遥控，操作简单。

2. 获取高精度图像

搭载在无人机平台的可以实现0.03～0.5m的高分辨率的遥感影像的获取，既可以获取正射影像，也可以从其他不同的角度来获取影像，覆盖范围广泛，可满足高精度数字地面模型构建的要求。

3. 灵活性较高

Wingtra无人机的体积比较小、飞行具有较高的灵活性，车载系统可迅速到达监测区附近设站，且起降受地形影响小，不需要专门的起降场地，飞行系统升空准备所需要的时间短、操作简单，可进行云下飞行，具体飞行条件限制请参考3.2.1节。

2.1.2 无人机低空航测系统组成

无人机低空测量系统主要由飞行控制系统、飞行平台、任务荷载、数据处理系统等部分组成，具体功能如下所述。

1. 飞行控制系统

飞行控制系统是无人机最核心的技术之一，相当于无人机系统的中枢神经，该系统包括机载飞控、地面站及通信设备，主要任务是在保证无人机飞行稳定的前提下，确保无人机按照预定的航迹稳定飞行，且能通过地面站控制系统的命令，实时监控无人机各模块的状态，实现航路点数据实时修改、交换、存储。

2. 飞行平台

飞行平台也就是无人机外观的本身，是承载测量任务传感器的载体，民用领域测量中最经常使用的无人机飞行平台有固定翼及多旋翼。

3. 任务荷载

任务荷载是无人机的关键部分，不仅在重量上占无人机总重的比重较大，而且是无人机系统中最昂贵的子系统之一，包括应用于侦察任务的照相机、日间摄像机及夜视摄像机、雷达等。根据无人机的功能和类型的不同，其装备的任务荷载也不相同。

4. 数据处理系统

能够根据需要，在地面与飞行器之间提供持续的双向通信，实现无人机系统的指令、数据等的上传下达。

2.1.3 无人机低空摄影测量常用的坐标系统

低空投影测量常用的坐标系统包括像方坐标系、物方坐标系、地面坐标系，这些坐标系可以建立起相互转化的关系，用来获取像点在地面坐标系下的物点坐标。

1. 像方坐标系

像方坐标系是描述单张像片上像点在像方空间位置的右旋直角坐标系，主要包括像空间辅助、像平面、像空间三种坐标系。

像空间辅助坐标系，为统一名片的像空间坐标系而建立的一种相对统一的坐标系。

像平面坐标系表示像点在平面上的位置，像平面坐标系中 X、Y 轴的方向可以按照实际的需要自行设定，像平面坐标系如图 2.1 所示。

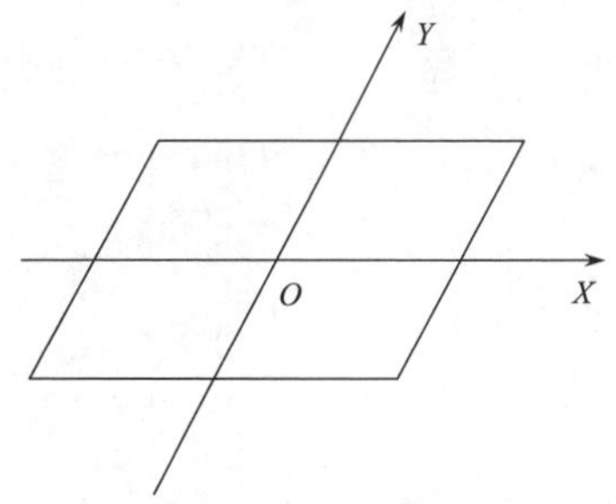

图 2.1 像平面坐标系

像空间坐标系即建立一个描述像点在像空间位置的坐标系，为右手直角坐标系。

2. 物方坐标系

物方坐标系用于描述地面点在物方的空间位置。分为地面测量坐标系、地面摄影测量坐标系和摄影测量坐标系。摄影测量坐标系即以测区范围中的任意的一点 Z 作为坐标的原点，其坐标轴平行其像空间辅助坐标系。

3. 地面坐标系

地面坐标系是一种固定在地球表面的坐标系。OX 轴是指向地面平面的任意一个方向，OZ 轴垂直向上，OY、OZ 轴形成的平面垂直，构成右手坐标系。在忽略地球自转与地球质心的曲线运动的时候，该坐标系可以看作惯性坐标系，地面坐标系如图 2.2 所示。

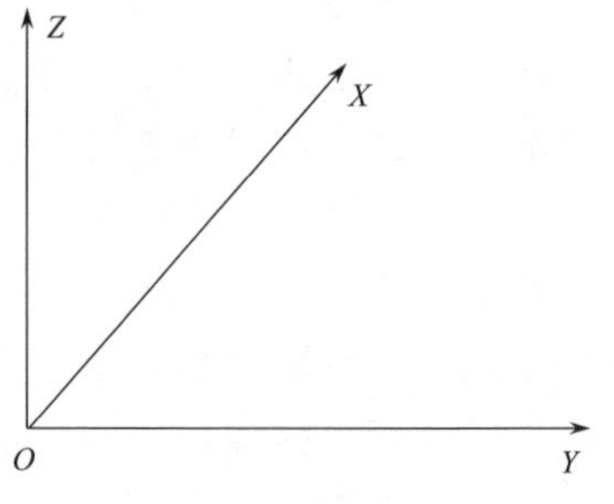

图 2.2　地面坐标系

2.1.4　地面控制点布设方案

1. 地面控制点的布设及其要求

在使用无人机对目标进行拍摄前，要在目标区域布设一定数量的控制点，目的是建立坐标系统，对拍摄图像进行对比矫正，形成控制网。常见的控制点类型有高程、平面以及高程平面控制点三种，控制点的布设方法对后期无人机拍摄图像数据的质量影响较大。测量时，平面控制点只需测平面坐标，高程控制点测高程坐标，高程平面控制点都需要测，本书主要用平面控制点。控制点的布设要求如下：

（1）尽可能不在图像容易发生畸变、误差、变形、倾斜等部位布设，因为干扰因素较多，影像上的点位移较大，不利于控制点的量测。

（2）在整个测量区域内布设控制点。

（3）合理分配工作量，在相邻相片或者设定的航线间重合部位布设。

（4）控制点应当设置显眼、容易判读、目标显著且不易损坏，Wingtra 控制点标靶如图 2.3 所示。

（5）为控制边缘地区，在预订的航行区域外部布设控制点。

图 2.3　Wingtra 控制点标靶

2. 地面控制点布设方案

地面控制点布设方案要依据成图精度和成图方法确定，如布设数量、分布区域等。地面控制点按照工作方式分为两种：一种为全野外布设地面控制点；

另一种为非全野外布设地面控制点。其中精确度较高的是全野外布设地面控制点，但工作量较大，效率不高，因此通常在测量面积较小、地形复杂、要求拍摄成图精度比较高的情况下使用。非全野外布设地面控制点只需在野外布设部分控制点，但保证覆盖测区范围，然后经过三角加密方法对野外控制点进行加密，从而完成控制点的布设，这种方法工作量小、效率较高、成本较低，是目前使用比较多的方法。航带网布设方案和区域网法布设方案如下：

(1) 航带网布设方案。依据航线来布设控制点，由于精度的限制，两控制点的距离和间隔均不同。具体可分为以下几种方法：

1) 六点法布设方案。该方法应用比较广泛，也最标准。平高点设置在航带中部和两端，且在旁边向重叠区域之内，六点法布设方案如图 2.4 所示。

2) 五点法布设方案。此方法与航带长度有关，当不及最大长度的 0.75 倍时，可以用五点法进行布设，五点法布设方案如图 2.5 所示。

3) 八点法布设方案。当一个区域内形成的图像小于 48 幅且大于 16 幅时可用，平高点设置在每旁边向重叠区域之内各四个，八点法布设方案如图 2.6 所示。

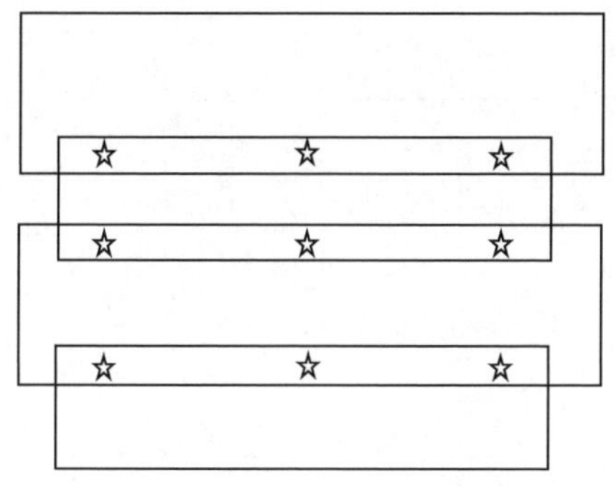

图 2.4　六点法布设方案

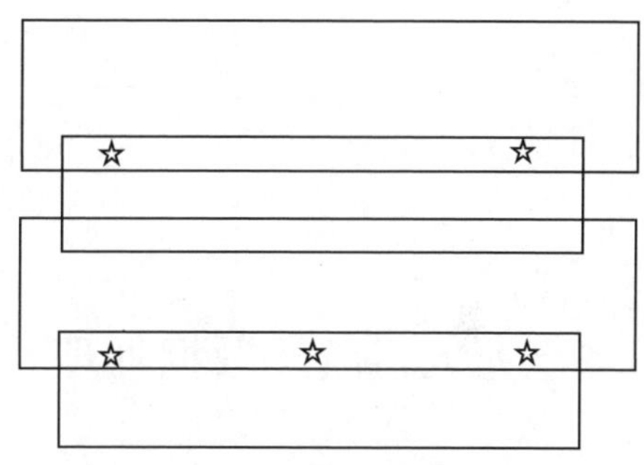

图 2.5　五点法布设方案

(2) 区域网布设方案。区域网的设置可以根据地形或图形轮廓，尽量使其成为规则的图形，如正方形、长方形、圆形等，按照平高点分布在周围，高程点在中间的方法进行布设。控制点在相邻航带重叠部位，保证相邻航带均能用。重叠比较小时，可以增加高程点，常见区域网布设方案如图 2.7 所示。

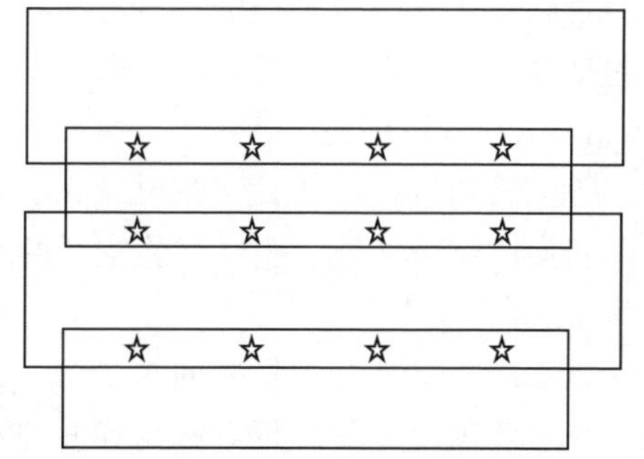

图 2.6　八点法布设方案

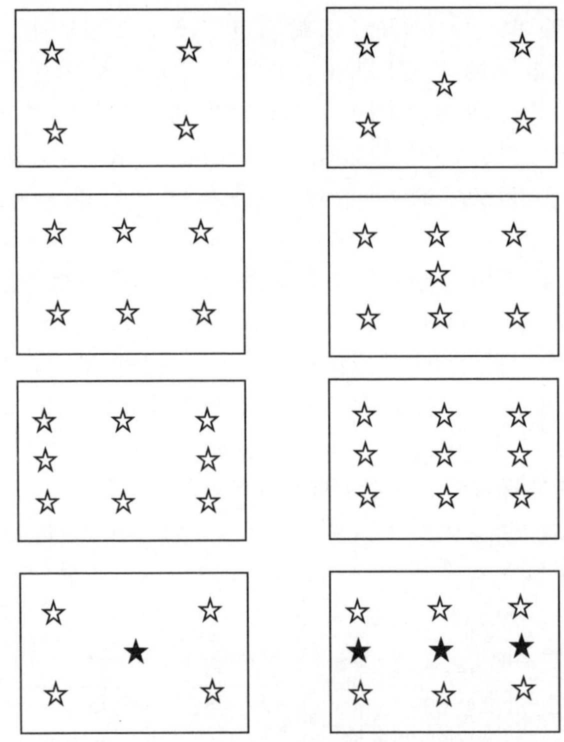

图 2.7 常见区域网布设方案
（☆为平高点，★为高程点）

2.2 无人机航测数据处理

2.2.1 图像预处理

为确保空三加密工作的顺利进行，必须对影像进行预处理。图像预处理主要包括飞行质量检查、图像畸变校正和几何校正等。

1. 飞行质量检查

无人机拍摄相片之后，在现场除了要观察所拍摄相片的质量，例如有无色差、扭面、清晰度等，还需要检查相片重叠度、飞行高度、航线偏移和相片旋转等参数。

(1) 相片重叠度。相邻的航线内，无人机所拍摄的相片的重叠程度，或者同一条航线内的重叠程度，称为相片重叠度。按照规范的要求，相邻航线相片重叠度应大于8%，一般在15%～60%；同一条航线内重叠度应大于53%，一般在 60%～80%。拍摄完成后，应用软件将相片进行排列，进行重叠度检查。

(2) 飞行高度。在实际的飞行过程中，无人机受外界环境的影响，航行高度时刻都在变化，由于风力、气压的影响，偏离了预设的航线高度，进而对重叠度和图片的比例尺造成影响。按照规范要求，无人机在飞行工作中最大和最小航行高度间的差值不得大于 50m，在一条航线上，高度差不应大于 30m。因此，应用软件对无人机的航线高度等信息进行检查，确保在规范要求的范围内。

(3) 航线偏移。航线偏移即航线的弯曲程度，偏离预定轨迹的程度。利用数学定义来表示就是航线两端点相片点位距离与偏离最远的点到航线两端点连线的垂直距离，该值不得大于 3%。

(4) 相片旋转。按照操作手册要求，在一个航测任务中，相片旋转角最大不得超过 30°，一般不得超过 15°，在一条航线上，不得有三片以上的相片的旋转角超过 20°，不得有超过总数 10%的相片的旋转角超过 15°。

2. 图像畸变校正

大部分无人机安装的相机为非量测相机，因此存在一定的物镜变形，即图像畸变。像点的位置不在实际的位置，会影响后续的空三加密过程精度，从而影响正射影像图的质量。物镜变形发生时，像点坐标参数位移，几何模型也同样会发生形变，图像畸变的主要形式如图 2.8 所示。

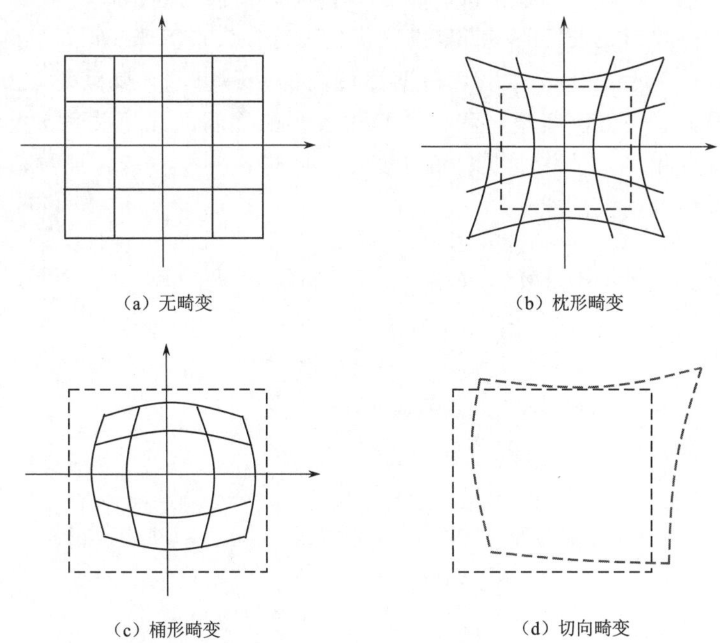

(a) 无畸变　(b) 枕形畸变

(c) 桶形畸变　(d) 切向畸变

图 2.8　图形畸变的主要形式

由于畸变改变了拍摄对象的实际地面位置，因此在空三加密之前需要进行畸变差改正。数学模型为

$$
\left.\begin{aligned}
\Delta X &= (X - X_0)(N_1R^2 + N_2R^4) + P_1[R^2 + 2(X - X_0)^2] \\
&\quad + 2P_2(X - X_0)(X - X_0) + \varepsilon(X - X_0) + \lambda(Y - Y_0) \\
\Delta Y &= (Y - Y_0)(N_1R^2 + N_2R^4) + P_2[R^2 + 2(Y - Y_0)^2] \\
&\quad + 2P_1(X - X_0)(Y - Y_0)
\end{aligned}\right\} \tag{2.1}
$$

式中：X、Y 为像点坐标；X_0、Y_0 为像主点坐标；R 为以像点为半径的距离，$R = \sqrt{(X - X_0)^2 - (Y - Y_0)^2}$；$\Delta X$、$\Delta Y$ 为像点的改正值；N_1、N_2 为径向畸变系数；P_1、P_2 为切向畸变系数；ε 为非正方形比例因子；λ 为 CCD 排列非正交性的畸变系数。

3. 几何校正

使用无人机进行拍摄时，由于无人机自身飞行姿态以及地球自转的因素影响，拍摄的图像和地面实景会产生一定的变形，这种变形导致了相片上的地面实景有一定的挤压、倾斜、扭曲等位置变化。因此需要采用一定的措施来校正这一形变，即几何校正，共有以下几种方法：

(1) 通过控制野外控制点来实现校正。

(2) 通过匹配地形图或者正射影像图中标号相同的点位来实现校正。

(3) 通过控制无人机的飞行姿态，优化飞行参数来实现校正。

多项式校正法是比较常用且精度比较高的一种方法，其计算也相对简单，原理简单易懂。该方法实现过程中不考虑各影响之间的几何关系，仅考虑产生形变的三维变化，即位移改变、角度变化、图像比例变化等，通过建立数学模型来进行几何校正：

$$
\begin{aligned}
X_0 = M_0 &+ (M_{10},\ M_{01})\begin{vmatrix} X \\ Y \end{vmatrix} + (M_{20},\ M_{11},\ M_{02})\begin{vmatrix} X^2 \\ XY \\ Y^2 \end{vmatrix} \\
&+ (M_{30},\ M_{21},\ M_{12},\ M_{03})\begin{vmatrix} X^3 \\ X^2Y \\ XY^2 \\ Y^3 \end{vmatrix} + L
\end{aligned} \tag{2.2}
$$

$$
\begin{aligned}
Y_0 = N_0 &+ (N_{10},\ N_{01})\begin{vmatrix} X \\ Y \end{vmatrix} + (N_{20},\ N_{11},\ N_{02})\begin{vmatrix} X^2 \\ XY \\ Y^2 \end{vmatrix} \\
&+ (N_{30},\ N_{21},\ N_{12},\ N_{03})\begin{vmatrix} X^3 \\ X^2Y \\ XY^2 \\ Y^3 \end{vmatrix} + L
\end{aligned} \tag{2.3}
$$

其中可以计算多项式系数的个数及项数与多项式的阶数的关系为

$$A=\frac{(b+1)(b+2)}{2} \tag{2.4}$$

因此，已知控制点的个数 A，即可求得多项式系数个数。

2.2.2 空中三角测量

空中三角测量的目的和原理主要是利用事先布设好的少量地面控制点，将一条或几条航带的像点进行构建，形成局域网，利用相应的计算方法及平差方法，最终得出所要测量区域的所有像点的坐标。

空中三角测量方法有诸多优点：可大大减少野外作业，减少地面控制点布设的工作量；可用于一些复杂地形或人员不易到达的区域，不直接接触测量目标而确定其位置、面积等数据；可用于大范围的测量，效率高；平差时，测量区域的整体精确度比较均匀。

空中三角测量的作用是为没有布设地面控制点的区域提供相片定向参数和地形图的定向控制点。

空中三角测量的分类有以下几种：按照数学模型分为光束法和航带法；按照加密的区域不同区分为独立模型法区域网和航带法区域网。

1. 光束法空中三角测量

光束法空中三角测量是一种比较严密的加密方法，其原理就是共线方程，将一张相片作为基本单元用于平差计算。光束法空中三角测量如图 2.9 所示。

计算流程如下：

第一步，算出各相片的控制点以及加密点的像点坐标，然后平差计算，得出区域网各个相片外方元素和加密点的坐标的近似数值。

第二步，根据共线方程，列出两个误差方程即外方元素和待求得的坐标点，统一进行平差。

第三步，得到每张相片外方元素和各个加密点比较精确的地面点的坐标值。

主要步骤如下：

(1) 平差解算，得出各个相片外方元素的近似数值和各待定点的近似坐标值。

(2) 依据各个相片外方元素的近似数值和各待定点的近似坐标值，按照共线方程的表达式列出误差方程。

(3) 求解方程。

(4) 利用求解方程计算每张相片的外方元素。

(5) 用空间前交汇方法求得各个待定点的精确地面坐标。

共线方程为

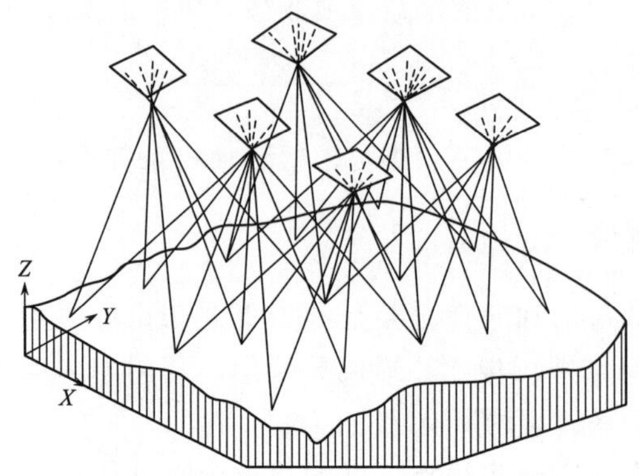

图 2.9　光束法空中三角测量

$$x = -f\frac{a_1(X-X_S)+b_1(Y-Y_S)+c_1(Z-Z_S)}{a_3(X-X_S)+b_3(Y-Y_S)+c_3(Z-Z_S)} \tag{2.5}$$

$$y = -f\frac{a_2(X-X_S)+b_2(Y-Y_S)+c_2(Z-Z_S)}{a_3(X-X_S)+b_3(Y-Y_S)+c_3(Z-Z_S)} \tag{2.6}$$

内方元素已知时，误差方程为

$$\begin{aligned} V_X = & a_{11}\Delta X_S + a_{12}\Delta Y_S + a_{13}\Delta Z_S + a_{14}\Delta\alpha + a_{15}\Delta\beta \\ & + a_{16}\Delta\gamma - a_{11}\Delta X + a_{12}\Delta Y + a_{13}\Delta Z - l_x \end{aligned} \tag{2.7}$$

$$\begin{aligned} V_Y = & a_{21}\Delta X_S + a_{22}\Delta Y_S + a_{23}\Delta Z_S + a_{24}\Delta\alpha + a_{25}\Delta\beta \\ & + a_{26}\Delta\gamma - a_{21}\Delta X + a_{22}\Delta Y + a_{23}\Delta Z - l_y \end{aligned} \tag{2.8}$$

矩阵形式为

$$V = \begin{vmatrix} V_X \\ V_Y \end{vmatrix} \tag{2.9}$$

$$A = \begin{vmatrix} a_{11} & a_{12} & a_{13} & a_{14} & a_{15} & a_{16} \\ a_{21} & a_{22} & a_{23} & a_{24} & a_{25} & a_{26} \end{vmatrix} \tag{2.10}$$

$$B = \begin{vmatrix} -a_{11} & -a_{12} & -a_{13} \\ -a_{21} & -a_{22} & -a_{23} \end{vmatrix} \tag{2.11}$$

$$X = \begin{vmatrix} \Delta X_S & \Delta Y_S & \Delta Z_S & \Delta\alpha & \Delta\beta & \Delta\gamma \end{vmatrix} \tag{2.12}$$

$$T = \begin{vmatrix} \Delta X \\ \Delta Y \\ \Delta Z \end{vmatrix} \tag{2.13}$$

$$L = \begin{vmatrix} L_X \\ L_Y \end{vmatrix} \tag{2.14}$$

其中：

$$V=\begin{vmatrix}A & B\end{vmatrix}\begin{vmatrix}X \\ T\end{vmatrix}-L \tag{2.15}$$

因此，公式可计算最终结果为

$$\begin{vmatrix}A^TA & A^TB \\ B^TA & B^TB\end{vmatrix}\begin{vmatrix}X \\ T\end{vmatrix}=\begin{vmatrix}A^TL \\ B^TL\end{vmatrix} \tag{2.16}$$

2. 航带法空中三角测量

航带法空中三角测量主要的研究对象是航带模型。该模型是由很多种类立体像对所组成的单独模型相连在一起构成的，然后将所有连接到的航带模型看作一个整体，并对其进行计算。由于每个单独航带模型存在系统误差和偶然误差，并且在航带模型相连时，系统误差和偶然误差会积累和传递，导致误差增大，以至于最后形成的航带模型产生一定的形变、扭曲、倾斜等。因此，在对航带模型进行绝对定向完成后，线性改正是一项是必不可少的工作。主要流程如下：

(1) 获取对应像点的坐标值。

(2) 对像点进行相对定位。

(3) 对各个单独的航带模型进行连接、完善，建立成为航带网。

(4) 对建立的航带模型进行绝对定向。

(5) 对航带模型进行非线性更正，形成结果。

3. 独立模型法区域网空中三角测量

独立模型法区域网空中三角测量的主要原理：由于不同的模型之间有公共点，利用该公共点，将单独的模型进行连接，形成一个整体，在连接的过程中，使对象平移、倾斜、缩放、旋转等。平差时，将单独的模型或者两种模型当作一个平差单元，但是在变换的过程中，要注意使模型的控制点坐标与模型坐标的公共点尽量保持一致。该方法将单独的一个模型或者两个模型当作一个整体来看，然后通过各个模型之间的链接来形成一个区域网或者航带网。因此，在建立一个区域网或航带网的过程中，每个整体的误差就被限制在了各自模型之内，不存在累计计算误差的现象，有效地避免了航带法重复计算误差的情况，极大地提高了空三加密的准确性。主要流程如下：

(1) 获取每个单元模型的坐标，即测量坐标。

(2) 利用前期布设的控制点，对每个模型进行三维线性变换。

(3) 形成区域网或航带网之后，针对整个区域，建立改化方程并求出每个模型的相关参数。

(4) 得出相关参数之后，由参数求得模型中各个非控制点的平差坐标。

4. 航带法区域网空中三角测量

航带法区域网空中三角测量研究对象是一个单独的航带，将很多航带当作一个整体来看，然后进行解算，最终求得所要测量的区域内所有要测量点的坐标值（平差的过程只在单独的航带之内）。主要流程如下：

（1）建立一个自由航带网。

（2）建立相对散乱的区域网，对各个航带网进行绝对定向。

（3）针对一个区域网的整体进行平差。

影响空中三角测量精度的主要因素如下：

1）控制点精度。控制点的精度影响定位的精度。

2）影像分辨率。影像的精度依赖于影像分辨率，不仅与设备有关还会受到航空作业的拍摄高度影响，航高越低，分辨率越高。

3）量测精度。航摄测量的过程中，在误差极易出现在地面控制点及人工加密点两个环节，导致数学模型的形变，以及出现错误的平差结果，误差无法完全消除，尽可能地减少误差是提高精度的重要方法。

4）平差计算精度。将外控制点提供的坐标值作为观测值，列出误差方程，并赋予适当的权重，与加密点的误差方程联立求解。

2.2.3　图像拼接

空中三角测量完成后，可以比较精确地计算出各影像点的外方位定向元素，但由于无人机飞行高度的限制，不可能将整个区域的图像通过一次拍摄来完成，所以要用图像的拼接技术把所有单独的相片进行连接，按照一定的数学方法，将图片的空间位置进行匹配，最后做出整个区域的图像。图像拼接的原理即找出两幅及两幅以上的图像间的联系，进行相似性度量，识别多个图像或两个图像较为类似甚至相同的目标，例如纹理、灰度、特征、结构等的方法，函数关系如下：

若两幅图像（待配准）分别表示成函数 $F_1(X,Y)$ 和 $F_2(X,Y)$，两个函数 F_1 和 F_2 分别表示灰度值，那么它们之间的关系为

$$F_2(X,Y)=G\{F_1[I(X,Y)]\}$$

式中：G 为灰度变换函数；I 为几何变换函数。

由于 G 函数作用不大，因此上式可改为

$$F_2(X,Y)=F_1[I(X,Y)]$$

1. 图像拼接方法

（1）相似性度量。相似性度量表示图像之间匹配的程度，实际应用中还要根据具体情况灵活运用。

（2）特征空间。该方法匹配的对象是各个图像本身所独有的特点汇总成的集合，其关键点为所选的特征空间的准确性。

（3）搜索空间。搜索空间指图像变换的方式和变换范围。变换的方式有两

种：线性和非线性；变换的范围有三类：全局、位移场和局部。

2. 图像拼接步骤

(1) 影像预处理。无人机飞行过程中受到各种自然因素，如高度、光线强度、声强，以及无人机自身因素如飞行姿态、相机分辨率等影响，无人机影像在获取过程中存在一定的形变。因此，为保证图像的精准度，需要对基础拍摄的影像照片进行预处理，分为图像畸变校正、几何校正等方式，详见 2.2.1 节内容。

(2) 图像配准。将无人机在同一地点但是不同时间区段拍摄的多种图像进行提取，根据图像间重合部分的一致性来确定参数。图像配准有以下常见方法：基于灰度信息的图像配准、基于变换域的图像配准以及基于特征的配准算法。

(3) 图像融合。图像配准完成后，各独立影像之间受到天气、海拔、温度、无人机状态等因素影响，分辨率、亮度、色彩等存在差异，导致在拼接的连接线附近产生明显的色彩、亮度等差异，图像的视觉效果产生偏差。图像融合的目的就是解决拼接线上的这一问题，将拼接处的亮度、曝光颜色等进行处理，大大减少配准过程之中所产生的误差，这样就实现了全局图片的较为平滑的过渡，完成也完善了图像的拼接。图像融合需要选择符合实际需要的算法，进而来改善并去除配准后的拼接线痕迹问题，最后产生整个区域内没有痕迹的平滑的图像。

3. 图像融合方法

(1) 多分辨率法。将参加融合的每幅图像分解为多尺度的金字塔图像序列，把需要融合的各个相片在重叠的区域构造成金字塔结构，并根据各层影像进行拼接，重新构建每层相片，形成最终的影像图，多分辨率法图像融合的流程如图 2.10 所示。

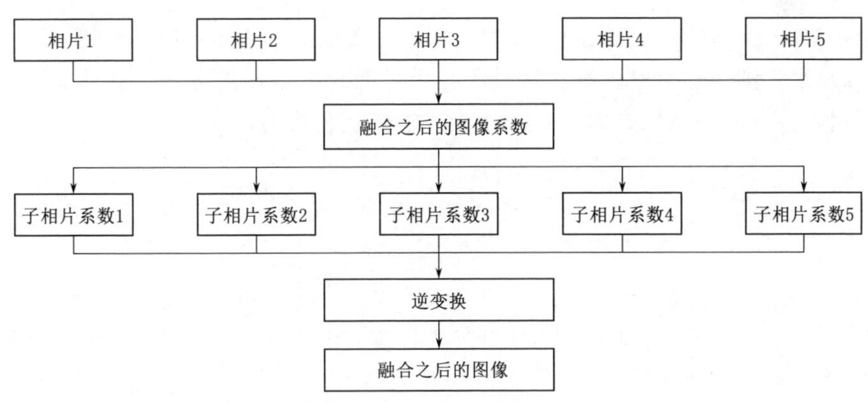

图 2.10 多分辨率法图像融合的流程

(2) 直接平均法。此法融合方式较为简单，计算速度较快，其原理是取两幅图像像素的平均值，函数表示为

$$f(X,Y)=\begin{cases} f_1(X,Y),(X,Y)\in f_1 \\ \dfrac{f_1(X,Y)+f_2(X,Y)}{2},(X,Y)\in(f_1\cap f_2) \\ f_2(X,Y),(X,Y)\in f_2 \end{cases} \tag{2.17}$$

式中：$f_1(X,Y)$、$f_2(X,Y)$ 分别为融合之前的两个图像；$f(X,Y)$ 为融合后的图像。

虽然该方法计算简单快速，却有着精度较低的缺点，在融合的区域，可以肉眼观察到明显的带状痕迹。

(3) 加权平均法。将重叠区域内每个像素点的灰度值进行相加求平均，再将灰度值相加计算每个像素点的平均值，函数表示为

$$f(X,Y)=\begin{cases} f_1(X,Y),(X,Y)\in f_1 \\ I_1(X,Y)f_1(X,Y)+I_2(X,Y)f_2(X,Y),(X,Y)\in(f_1\cap f_2) \\ f_2(X,Y),(X,Y)\in f_2 \end{cases} \tag{2.18}$$

式中：$f_1(X, Y)$、$f_2(X, Y)$ 分别为融合之前的两个图像；$f(X, Y)$ 为融合之后的图像；$I_1(X, Y)$、$I_2(X, Y)$ 为两个函数表示权重，且 $I_1(X, Y)+I_2(X, Y)=1$，$0<I(X, Y)<1$。

权重需要根据具体实际选择，具体方法如下：

1) 帽子函数法。根据帽子函数的特点，该加权方式会导致图像的中部权重较大，边缘两处权重较小。

$$I_i(X,Y)=\left(1-\left|\frac{X}{M_i}-\frac{1}{2}\right|\right)\left(1-\left|\frac{Y}{N_i}-\frac{1}{2}\right|\right) \tag{2.19}$$

式中：M_i、N_i 分别为图像的高和宽。帽子函数的图形表示如图 2.11 所示。

2) 渐入渐出法。渐入渐出法是一种图像融合中常用的方法，权重的定义不是利用函数，而是从像素的位置到边界的距离，公式为

$$f(X,Y)=\begin{cases} f_1(X,Y),(X,Y)\in f_1 \\ S_1(X,Y)f_1(X,Y)+S_2(X,Y)f_2(X,Y),(X,Y)\in(f_1\cap f_2) \\ f_2(X,Y),(X,Y)\in f_2 \end{cases} \tag{2.20}$$

式中：$f_1(X,Y)$、$f_2(X,Y)$ 分别为融合之前的两个图像；$f(X,Y)$ 为融合之后的图像；$S_1(X,Y)$、$S_2(X,Y)$ 为权重，且 $S_1(X,Y)+S_2(X,Y)=1$，$0<S(X,Y)<1$。因此 S_1 从 0 到 1 变化，S_2 从 1 到 0 变化，渐入渐出法如图 2.12 所示。

(4) 中值法。中值法是对重合的图像区域进行处理，使用中值滤波器，找到像素。如果该像素与附近的像素差别较大，进行中值处理，使像素灰度值趋于相近，最终达到融合的目的。

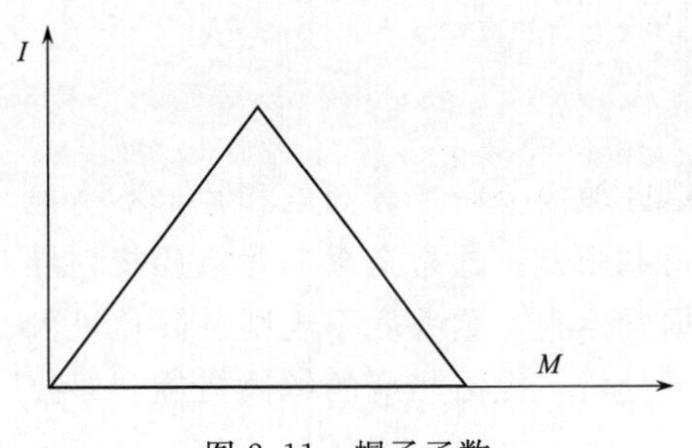

图 2.11 帽子函数

图 2.12 渐入渐出法

4. 多幅图像拼接

在实际应用中，图像拼接并不局限于两张图片，例如在视觉导航的基准图制作过程中，需要将多张图片进行连续拼接，最终形成一个完整的区域。

多幅图像拼接的原理即在两幅图像拼接的基础上，把拼接好的图像作为基准图，与其余图片进行拼接，将待拼接的图像按照流程也转换到该图像的坐标系里，多幅图像拼接流程如图 2.13 所示。

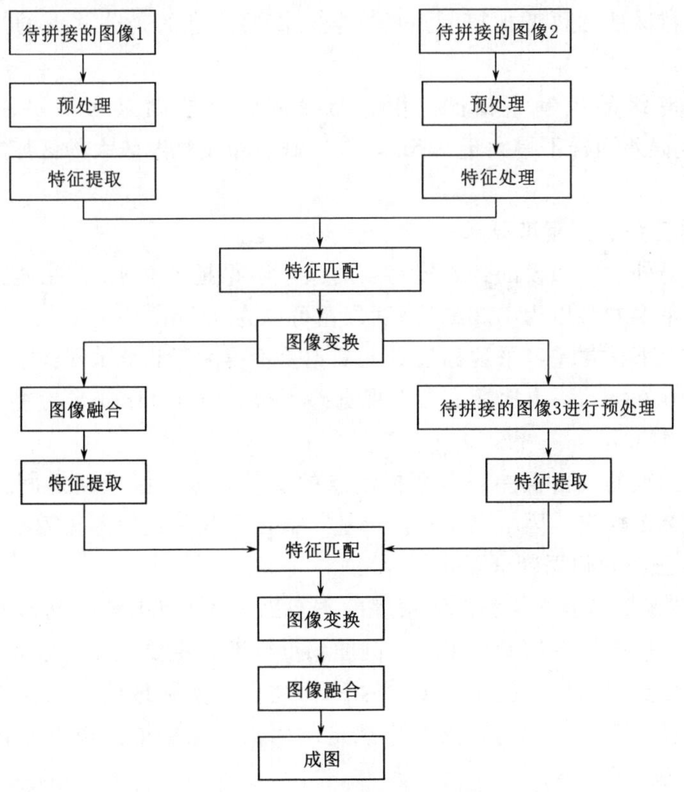

图 2.13 多幅图像拼接流程

2.3 无人机航测图像精度分析

利用无人机低空拍摄可以快速获取目标区域内分辨率较高的相片，不受地形等因素的影响，但由于无人机的重量和荷载限制，通常搭载非量测相机，导致无人机拍摄存在获取数据幅宽较短、数据量巨大、重叠度不规则且倾角过大等问题。因此，对影响成图精度的因素进行分析，提出相应的解决措施，对控制成图精度很有帮助。

2.3.1 影像精度控制要求

按照《城市测量规范》（CJJ/T 8—2011）及相关文件的要求，无人机测量精度主要从野外控制点布设、空中三角加密精度及数字正射影像图精度三个方面控制。

1. 野外控制点布设要求

点位布设要尽量均匀，布设的控制区域要大于需要测量的区域范围，在山地、丘陵等特殊地形要增加控制点的布设。需要注意的是公共点的选择不能低于三个。

与国家等级的控制点相比，相邻布设的野外控制点水平误差不得大于0.5m，高度误差同样不得大于0.5m，在控制点布设难度较大的区域，误差值允许为1.0m。

2. 空中三角加密精度要求

加密点与外业中布设的野外控制点的误差不得超过0.4m，在遇到山地等特殊地形时水平误差可以为1.2m，高度误差可以为0.5m。

残余的上下视觉差：平地标准点上视觉差不得大于0.02mm，检查点上视觉差不得大于0.03mm；山地标准点上视觉差不得大于0.03mm，检查点上视觉差不得大于0.04mm。

基本定向点的残留误差、多余控制点的不符合值、区域网之间公共点的较差要求见表2.1规定，因本书不涉及山地，故山地相关数值不再列举。

3. 数字正射影像图精度要求

DEM精度是影响正射影像图精度的重要因素，对DEM进行编辑时，一定要针对数字正射影像图的特点采取不同的精度标准，主要从以下方面控制：

(1) 平面点位精度。数字正射图中地面物点和实际地面中相同点的坐标点位误差，要在表2.2范围内，限差为规定的两倍，相机拍摄像点坐标的影响因素及校正措施见表2.3。

表 2.1　比例为 1∶500、1∶1000、1∶2000、1∶5000、1∶10000 的精度

地形分类	三种点	水平位置限制/m					高度限制/m				
		1∶500	1∶1000	1∶2000	1∶5000	1∶10000	1∶500	1∶1000	1∶2000	1∶5000	1∶10000
丘陵	基本定向点的残留误差	无	0.3	0.3	0.3	0.3	无	0.25	0.25	0.8	0.8
	多余控制点的不符合值	无	0.5	0.5	0.35	0.35	无	0.4	0.4	1	1
	区域网之间公共点的较差	无	0.8	0.8	0.7	0.7	无	0.7	0.7	2	2
平原	基本定向点的残留误差	无	0.3	0.3	0.3	0.3	无	无	无	无	无
	多余控制点的不符合值	无	0.5	0.5	0.35	0.35	无	无	无	无	无
	区域网之间公共点的较差	无	0.8	0.8	0.7	0.7	无	无	无	无	无

注　基本定向点残留误差、多余控制点的不符合值、区域网之间公共点的较差分别为加密点中的误差的 0.75 倍、1.25 倍和 2 倍。

表 2.2　平面点位的允许误差

比　例	平地/m	特殊地区/m
1∶2000	1.2	1.8
1∶5000	2.5	3.7
1∶10000	5.0	7.5
1∶50000	25.0	37.5

表 2.3　相机拍摄像点坐标的影响因素及校正措施

影响因素	表示公式	校正方式
主　点	$\Delta X_I=\Delta X_M-\frac{\overline{X}}{\overline{Z}}\Delta F$ $\Delta Y_I=\Delta Y_M-\frac{\overline{Y}}{\overline{Z}}\Delta F$	在室内进行校正，辐射处理
径向的畸变	$\Delta X_R=N_1R^3+N_2R^5+N_3R^7$ $\Delta Y_R=N_1R^3+N_2R^5+N_3R^7$	
偏心的畸变	$\Delta X_D=P_1(3\overline{X}^2+\overline{Y}^2)+2P_2\overline{XY}$ $\Delta Y_D=P_1(3\overline{Y}^2+\overline{X}^2)+2P_2\overline{XY}$	进行自校验
CCD 不平造成的误差	测量 CCD 焦平面	进行自校验
CCD 面内的畸变	$\Delta X_M=B_1\overline{X}+B_2\overline{Y}$ $\Delta Y_M=0$	进行多项式校正

（2）影像配准控制点的残差误差限制。本次项目为平地测量，配准控制点的残差限制为 1 像素，具体要求如下：

a. 正射影像图中应具有清晰的纹理，与实物对应的颜色反差较小。

b. 彩色部分应具有丰富的光谱，尽可能与自然色保持一致。

c. 影像不可出现错位、模糊等异常现象。

d. 影像应具有连续性，与实际的拍摄图像保持一致。

2.3.2 影像误差对精度的影响

1. 拍摄系统的精度分析

无人机通常搭载非量测相机，相比于传统的航空拍摄系统，影响无人机拍摄精度的主要因素是电荷耦合元件（CCD）不平、平面内的畸变差、镜头的径向和偏心畸变。虽然这些误差都是有规律、可以预测到的，大多数可采用公式或改进测量方法来进行纠正，但不能完全消除，仍会存在一些小的变形。

2. 成像过程中的精度分析

（1）拍摄点大气质量环境。拍摄点大气质量环境对影像质量的影响分析：由于空气中的尘埃和水蒸气颗粒作为空气环境的一部分，且拍摄地点的空气质量时刻发生变化，光线通过空气这一介质传播时会被尘埃和水蒸气颗粒散射。此外，由于海拔不同、地球大气压力不同、大气成分不固定，含有的氧气、氮气、二氧化碳、稀有气体、尘埃及水蒸气颗粒等气体也不相同，造成了大气折射率的不同。同时，地面和高空的温度是有差别的，地面温度高，造成地面大气压高于空中大气压；大气密度不同，折射率也不同，根据光的折射原理，光通过不同折射率的介质会发生折射，海拔高度不同，折射率不同，造成了拍摄误差，影响拍摄质量，拍摄点大气质量环境对影像质量的影响如图 2.14 所示。

天气状况对拍摄质量同样有影响，例如在雨、雪、雾霾、阴天等天气状况下，光线不足会使拍摄物体模糊不清，影响拍摄质量。因此，拍摄时应尽量选择光线充足的晴天，最好选择温度变化相对比较稳定的中午。

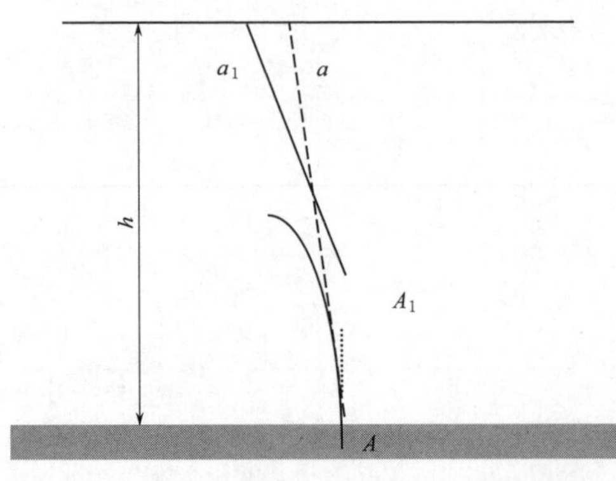

图 2.14 拍摄点大气质量环境对影像质量的影响

（2）地球曲率。地球表面是一个曲面，而摄像的基准面是水平面，两个面是相切或者相隔的关系，导致拍摄图像上的地形点产生一定的偏差，即位移，地球曲率对影像质量的影响如图 2.15 所示，该位移与无人机的飞行高度 h、相机焦距 F、

拍摄点的地面曲率半径 r、影像原点到拍摄点的矢量距离 L 有关，具体关系为

$$\Delta S=-\frac{hL^3}{2F^2r} \tag{2.21}$$

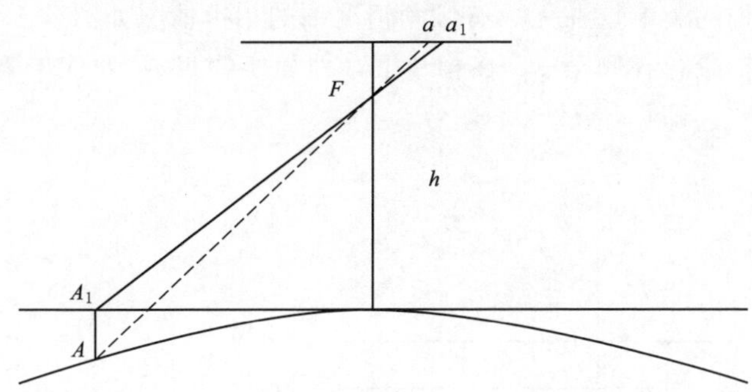

图 2.15　地球曲率对影像质量的影响

2.3.3　相片倾角对精度的影响

无人机机身重量较轻，受风力和气流的影响较大，导致无人机自身飞行姿态不稳定，拍摄出的相片倾斜角会更大，成图精度也会受到影响，倾角主要对像点平面的位移和高程差异两方面产生影响，本节针对这两项偏差进行分析并提出一定的纠正方法。

1. 倾角对像点平面位移和高程变化的影响

（1）对像点平面位移的影响。如图 2.16 所示，当无人机出现倾角时，地面的实物 M 在相片上的对应点也出现了偏移，即 m_1，位移为 mm_1，此外，产生的位移大小还与 r、r_1 和角度 β 有关，用公式表示为

$$mm_1=r-r_1=-\frac{r^2}{h}\sin\alpha\sin\beta \tag{2.22}$$

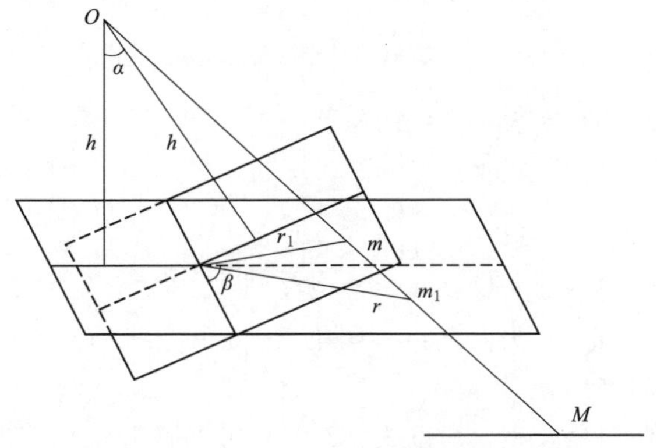

图 2.16　倾角对像点平面位移的影响

由式（2.22）分析，位移的大小和向径 r 之间的距离有关，向径越大，离相片的边缘位置越近，产生的位移误差也就越大。因此，在后期处理时，尽可能选择相片的中间部位。

（2）对高程的影响。在无、有倾角情况下的拍摄情况如图2.17和图2.18所示，若无人机拍摄存在倾角 α，在相片上，地面实物点 M 对应的像点 m 的位置也就发生了偏移，即 m_1 点。

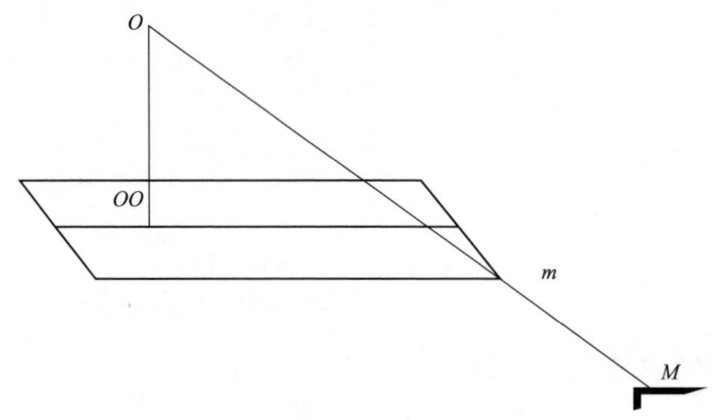

图2.17　无倾斜角情况下的拍摄情况

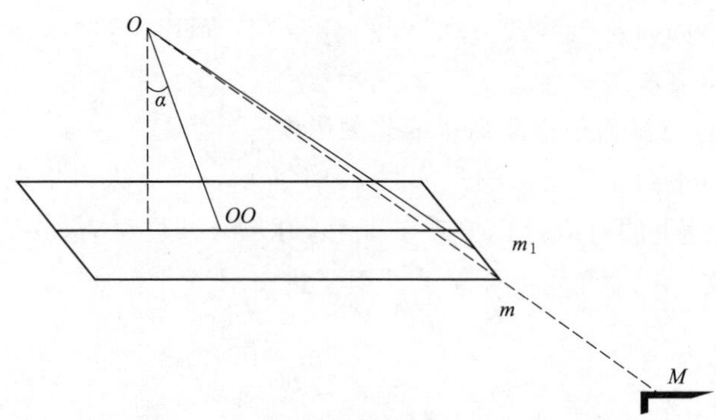

图2.18　有倾斜角情况下的拍摄情况

可以用式（2.23）来表示高程的偏差：

$$mm_1 = \frac{hr}{H} \frac{1 - \frac{r}{2f}\sin\alpha \sin 2\beta}{1 - \frac{rh}{2Hf}\sin\alpha \sin 2\beta} \tag{2.23}$$

式中：mm_1 为位移量；r 为向径；α 为相片的倾角；H 为无人机的飞行高度；h 为地面点的相对高度。

由于相片的倾斜角较小，所以式（2.23）可以简化为

$$mm_1 = \frac{hr}{H} \tag{2.24}$$

2. 校正方法

随着测量行业的发展，各行各业对图像精准度的要求也在不断增加，本书介绍以下几种提高精度的方式：

(1) 提高硬件性能。由以上分析可见，通过对影像的校正以及后期的图像拼接和融合，可以减少一定的相片倾斜对后期成图的影响，提高图像的精准度，但均未从根本上解决问题，最关键的是要从无人机自身入手，提高其硬件能力，选用性能较好的无人机可以大大减少倾斜角的影响。

(2) 搭载相应差分设备。无人机搭载差分设备有以下优点：减少像控点布设数量，节省人力，同时减少人为误差的出现，减少数据传递过程中的误差，进而提高精确度。

2.4 本章小结

阐述了无人机航测系统的优势、航测系统组成、常见坐标系统及地面控制点布设方案；阐述了无人机航测数据处理流程，即图像预处理、空中三角测量、图像拼接、DEM 数据转换等；通过研究影像误差对精度的影响及相片倾角对精度的影响，分析了无人机航测图像精度。

第3章　Wingtra 无人机航测操作步骤

3.1　任务计划制订

3.1.1　环境、地形要求

1. 环境条件限制

Wingtra 无人机测绘环境条件限制：大雾天气不能飞行；雨雪天气不能飞行；遇到强风天气，当地面风速大于 8m/s，约对应地表风速 10m/s 时不能飞行；气温低于零下 10℃或高于 40℃（低于 14 ℉或高于 104 ℉）的极端天气不能飞行；一般情况下海拔超过 2500m 时不能飞行，在装备高海拔螺旋桨时最高航测高度可达 4800m。

2. 起降场地要求

综合地形、气象状况等条件，无人机的起降场地应满足下列条件：

（1）起降场地相对平坦、通视良好。

（2）起降场地周围不能有高压线或高大的建筑物。

（3）起降场地地面不能有明显凸起的岩石块、土坎、树桩及沟渠等。

（4）起降场地附近不能存在正在使用的雷达、无线通信等干扰源，在不确定时，应提前对信号的强度和频率进行测试。

3.1.2　软件要求

实施飞行计划之前需要查看软件是否为最新版本。进入 Wingtra Pilot，打开“设置”菜单，在设置菜单中选择左侧“升级”菜单栏，可以进行相关的升级操作，“升级”界面左侧为最新发布的版本信息，根据提示在“升级”界面右侧单击“下载最新版本”选项框进行新版本下载；下载过新版本之后继续单击下方“升级 Wingtra Pilot 到新版本”选项卡对飞控软件进行同步升级；最后将无人机传感器中的 SD 卡取出，将该版本信息复制到 SD 卡中，完成上述操作后，将 SD 卡放回到相机中，无人机系统升级如图 3.1 所示；重启 Wingtra 无人机，在此过程中确保无人机电源保持连接，等待固件升级完成，无人机固件升级如图 3.2 所示。最后完成软件与无人机的版本升级，无人机升级完成界面如图 3.3 所示。

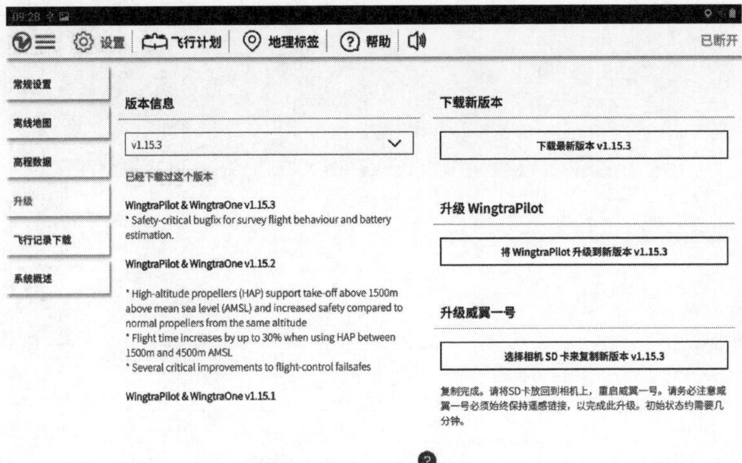

图 3.1　无人机系统升级

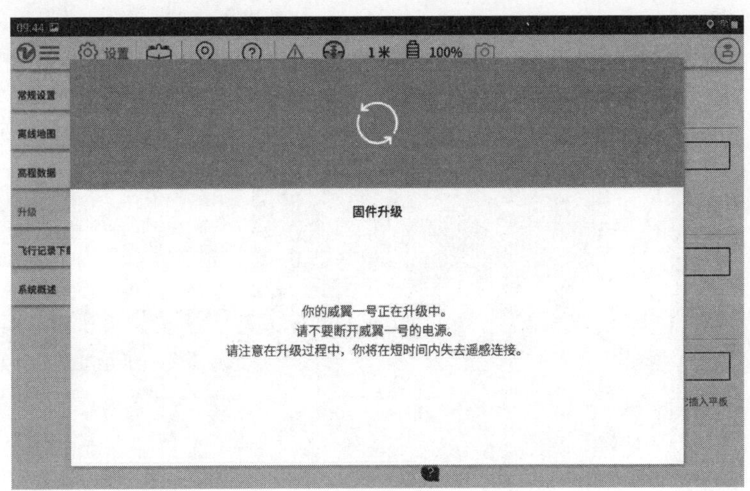

图 3.2　无人机固件升级

在 Wingtra 无人机飞控软件 Wingtra Pilot 中，一个项目至少有一个地理参考背景地图，地理参考地图内的对象与唯一的地理位置相关联，以保证无人机按照任务要求进行航测，地理参考背景地图可以使用在线地图或离线地图。

（1）在线地图。对于 Wingtra 无人机飞行计划，建议在现场制订任务计划，为保证位置更新的精确度，一般使用在线地图进行编辑（保证测区范围内信号稳定），Wingtra Pilot 在线地图编辑如图 3.4 所示，具体操作过程：启动天星 1 号→连接遥测→连接网络→开启 Wingtra Pilot→查看在线地图→制订飞行计划。

（2）离线地图。若测量区域内网络信号较差，则需在到达测绘地点之前，

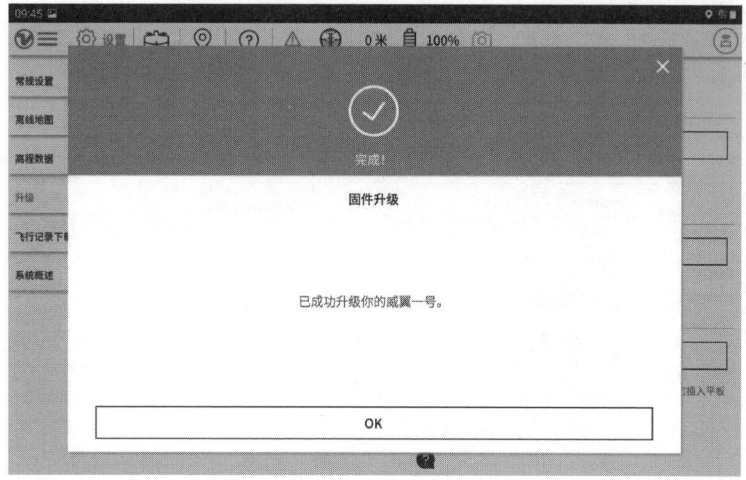

图 3.3　无人机升级完成界面

图 3.4　Wingtra Pilot 在线地图编辑

提前下载离线地图。如果加载过程出现频繁卡顿等问题，请按下列方式解决：重启 Wingtra Pilot→前往设置选项卡→选择“离线地图”→单击你的新设定→单击“恢复下载”→耐心等待，Wingtra Pilot 离线地图下载如图 3.5 所示，下载离线地图的具体步骤如下：

1）单击“设置”键。

2）选择“离线地图”，单击“新离线地图”。

通过拖动街区图或使用搜索功能，移动到需要的地理位置。

选择一个地图类型。

图 3.5 Wingtra Pilot 离线地图下载

如果需要地形跟随，在“添加高程数据”选项上打钩。

可以根据需要对放大倍数进行调整，下载的离线地图大小与之有关，倍数越大，离线地图大小越大，一般推荐 14～18 级。

3）单击“下载”完成离线地图下载。

另外，测区离线地图还可以在 BIGMAP 地图下载器软件进行离线地图下载，具体下载步骤如下：

首先在 BIGMAP 地图下载器中画出测区边界，BIGMAP 地图下载器主界面如图 3.6 所示，在菜单栏中选择“矩形”或者“多边形”对测量区域进行框选，

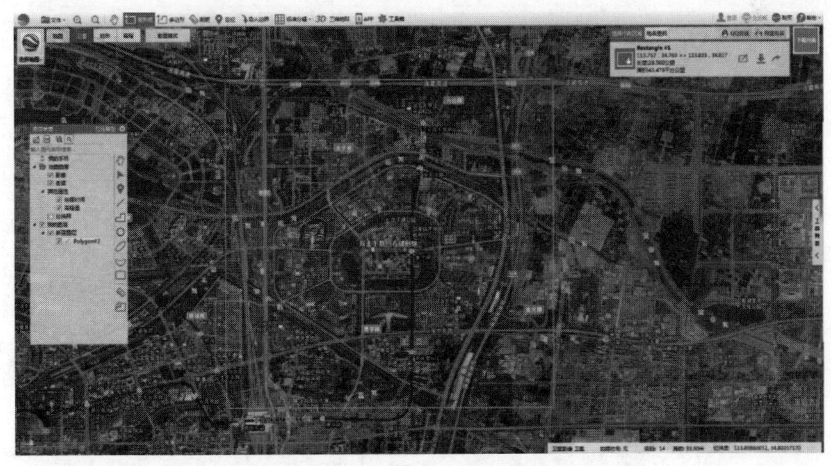

图 3.6 BIGMAP 地图下载器主界面

弹出图元信息对话框，图元信息如图 3.7 所示。其中，框选测量区域的具体步骤：输入多边形名称→在“样式/颜色”中修改特性→选择合适颜色、宽度（填充形式）及不透明度→选定测区范围，框选范围如图 3.8 所示。将该区域边界另存为 .kml 格式文件并导出，边界线导出如图 3.9 所示。飞机与控制手簿间的信号连接距离有限，而且起飞降落点的位置可能不在测区内，所以边界的选择要稍大一些，建议测区边界向外 1.5km 左右，具体可根据测区形状和位置进行选择。

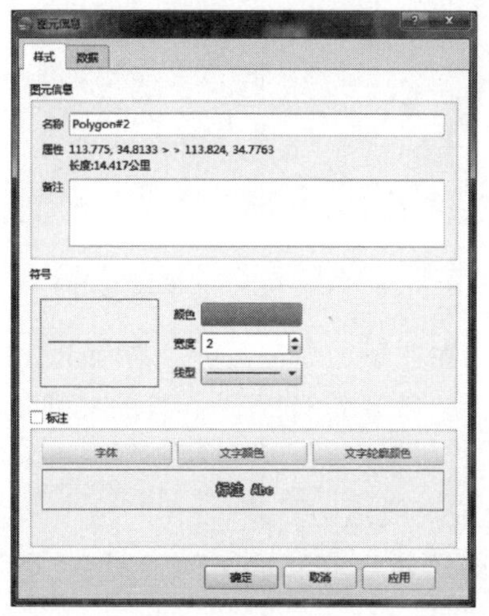

图 3.7　图元信息

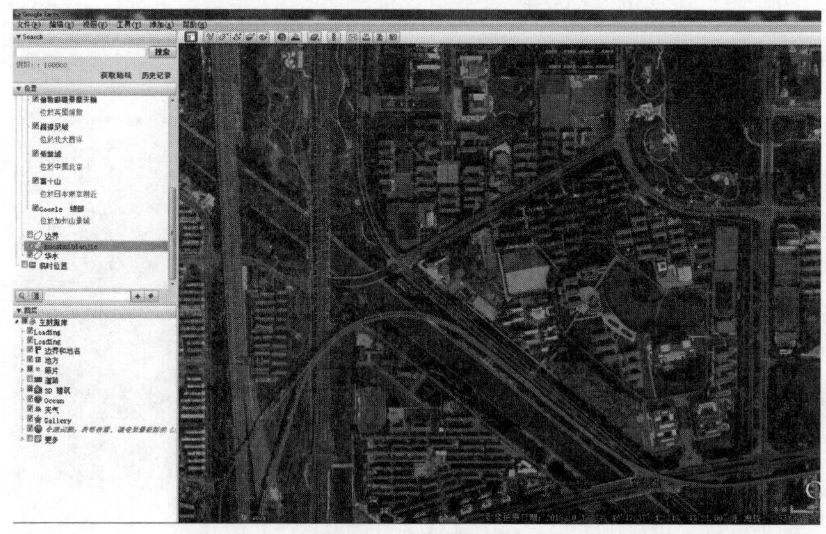

图 3.8　框选范围

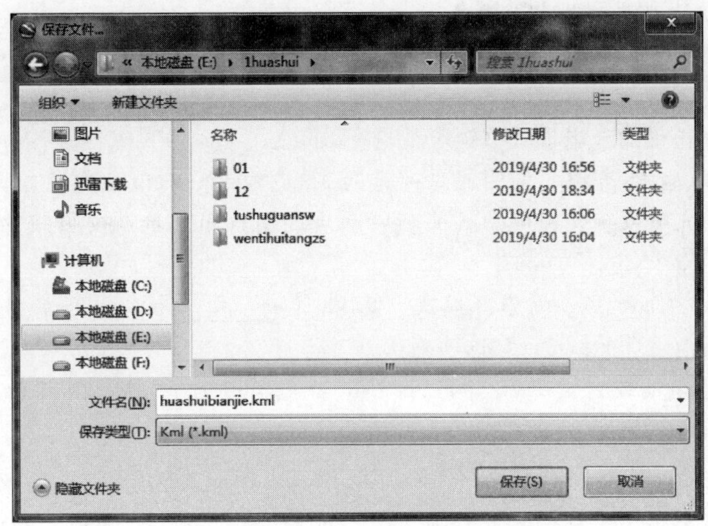

图 3.9　边界线导出

3.2　Wingtra 无人机外业航飞

3.2.1　起飞前检查

（1）检查飞行条件。需要具体检查的事项见表 3.1。

表 3.1　飞行条件检查

环境	风速	天气	温度	规章制度
条件	＜20km/h	良好	0～40℃	符合各项规章
注意事项	如果风速大于 20km/h（5m/s，10kts），不要飞行	不要在雨中或者雪中飞行	如果温度低于 0℃或者高于 40℃，不要飞行	检查是否符合法规，不要在车流拥挤的街道或住宅区上空飞行

（2）检查电量。去现场之前，检查电池、遥控（RC）及平板的电量，充电的具体要求如下：

1）锂电池。若放置于恶劣环境中，锂电池会出现变烫、爆炸甚至燃烧的情况，这样会造成严重后果，具体注意事项如下：

a. 不能用金属物体连接电池的正负极。

b. 不能用钉子刺穿电池、敲击电池、踩踏电池或其他情况造成电池强烈撞击或震动。

c. 不要让电池受潮或接触水。

d. 不要尝试给放过电或损坏的电池充电，做到安全处理废旧电池。

e. 充电时要有专人照看，并确保电池远离易燃易爆环境。

f. 选择正确的充电模式（锂电池均衡效应）。

2）锂电池4S充电。使用成对标记的4S电池（一对电池颜色相同）。可以使用自带的充电系统，在电源插头或者在现场用汽车充电，按照如下设定充电系统并遵照指令：

a. 单击“Batt Type”选择模式，使用“Dec”和“Inc”选项调整到锂电池模式，并单击“start/enter”选项确认。

b. 设定电池数为4S，相当于14.4V，充电电流为7.5A，相当于1C，单击“enter”选项确认。

c. 长按enter键2s，确认设定。

d. 检查设定，锂电池均衡效应模式4S（14.4V，7.5A），并按住“enter”确认。

e. 电池充满大约需要1h，充电完成会收到一个自动确认的消息（稳定在16.4V这个值时满电）。

（3）检查硬件是否完整无损，检查SD卡。

3.2.2 现场设定飞行

1. 硬件组装

硬件组装的具体步骤：安装尾部支架→Wingtra通电→打开Wingtra Pilot飞控软件→遥测装置与平板连接→固定平板。

2. 计划飞行

（1）创建新的飞行计划。单击Wingtra Pilot飞控软件中“创建新的飞行计划”选项卡，进行新的飞行计划制订（若飞行前准备好离线地图且制订过飞行计划，可直接单击“打开一个现有的飞行计划”按钮进行下一步操作），飞行计划创建如图3.10所示。

（2）设定原点。单击左侧“原点”按钮添加原点，若在现场，Wingtra无人机已供电并连接到平板，则原点自动设置为Wingtra无人机的当前位置；若到达现场之前预先计划飞行，可以将原点设置在所需要的位置，到达现场后再进行调整。在右侧状态栏中调整“转换高度”和“转换方向”，确保Wingtra无人机在起飞降落过程中不会与任何障碍物碰撞，飞行起降点设置如图3.11所示。

Wingtra无人机的起飞降落过程：在爬升模式下垂直爬升到“转换高度”，之后转为飞行模式，飞到划定的盘旋圈，盘旋上升到区域高度，开始数据采集。数据采集结束后，无人机将在飞行模式下飞回到盘旋圈高度，盘旋下降到“转换高度”，飞回到原点上空，在原点上空转换为下降模式，然后垂直着陆。

图 3.10　飞行计划创建

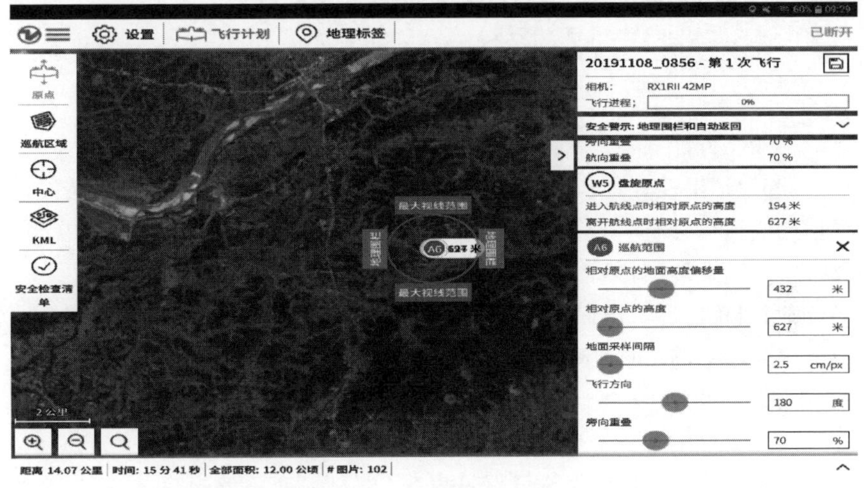

图 3.11　飞行起降点设置

注意，如果平板未连接 Wingtra 无人机或 GPS 未锁定，原点的中心在 Wingtra Pilot 上的位置是上次飞行的位置，此时需要更改位置，具体操作：选择“Street Map”，前往你的位置，并转换回“Satellite Map（卫星地图）”。

（3）添加区域。单击“巡航区域”选项，在飞行计划中添加数据采集区域，在右侧设置框里根据项目实际情况对以下信息进行设置：相对原点的地面高度偏移量、相对原点高度、地面采样间隔、飞行方向、旁向重叠度及航向重叠度等，保证所需测量区域在设置的巡航范围之内，达到所需的测量目标，巡航区域设置如图 3.12 所示。

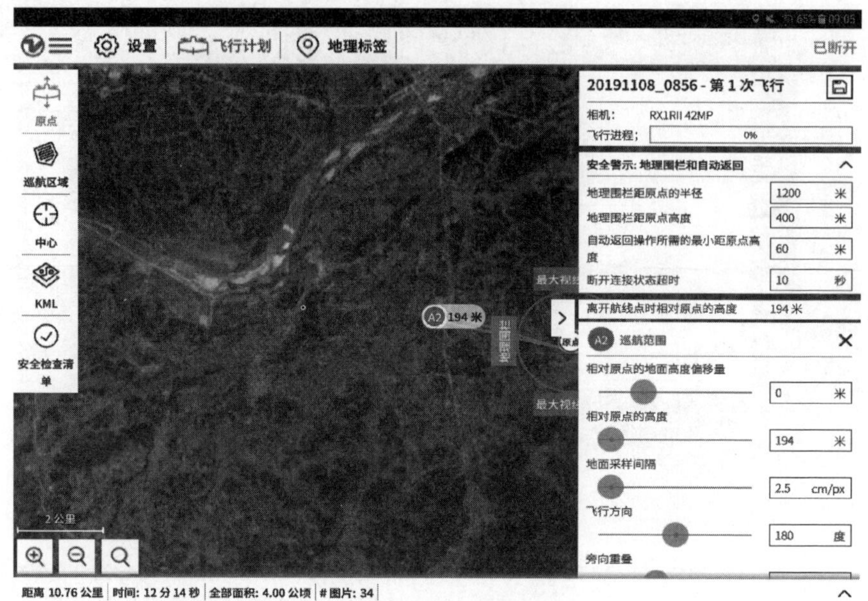

图 3.12 巡航区域设置

（4）回顾飞行计划。

1）检查地理围栏。地理围栏是控制无人机的区域关键，在进行航测之前，需要根据现场地形条件，设置安全区域与高度范围，务必保证无人机在地理围栏内飞行，超出地理围栏后无人机将丢失信号自动返航。

2）彻底回顾地形。确保 Wigntra 不会撞上任何障碍物，检查飞行是否触犯法规或者 Wingtra 的市场准入管制，飞行计划查看如图 3.13 所示。

3. 调整相机设定

在 Wingtra 里单击 On/Off 键打开相机，在平板上打开 Sony 的 PlayMemories 软件，调整设定，相机默认设置见表 3.2。

表 3.2　相机默认设置

相机模式	快门速度	光圈，f-数	ISO 设定	图像质量
快门优先	1/2000s	自动	1000	好

4. 飞行计划检查

开始飞行之前，彻底逐项检查 Wingtra Pilot 里的检查清单。如果有任何一项飞行前检查失败（如传感器故障），其对应的飞行前检查条变红，飞行计划检查如图 3.14 所示。

图 3.13　飞行计划查看

图 3.14　飞行计划检查

（1）硬件。距离传感器是否干净？螺旋桨是否未损坏，是否安装正常？是否打开相机盖？

a. 检查距离传感器（位于 Wingtra 无人机尾部，靠近尾部支架）是否干净或者被遮挡（雪、胶带等），若不干净，需用清洁布擦干净。

b. 检查螺旋桨是否损坏和正常安装，手动旋下螺旋桨（一只手握住马达，另一只手握住螺旋桨，用力拧开）。

c. 取下相机保护盖，将其放置于飞手工具箱。

d. 打勾确认清单中的检查点，若无人机有任何部位损坏，切勿飞行。

（2）将 Wingtra 置于起飞点。

（3）将遥测与平板连接并启动 Wingtra。Wigntra 启动和遥测连接到平板之后，Wingtra Pilot 尝试自动连接，若自动连接失败，需手动连接。

（4）检查电池电压（此项自动检测）。Wingtra Pilot 检查是否电池电压高于 30V，若电压低于 30V，起飞受阻，必须更换电池。

（5）检测平稳起飞位置（此项自动检测）。Wingtra Pilot 飞控软件检查 Wigntra 无人机是否置于平坦地面，若检查结果显示红色，移动 Wingtra 直至检测通过；若天星 1 号水平，检查结果仍显示红色，需重启 Wingtra。

（6）打开遥控。遥控启动后会自动连接到天星 1 号，遥控屏幕左上方会显示信号连接强度，此项检查需要操作者手动检测，并在检查清单中打勾确认检查项。

（7）检查 GPS 信号（此项自动检测）。由于天气等客观因素影响，GPS 锁定会有延迟现象发生，若 GPS 锁定超过 5min 都不能建立，尝试重启 Wingtra；若重启后，仍显示连接失败，建议打开电池盖，检查 GPS 模块导线连接是否正常；如果上述措施仍未解决问题，尝试与 Wingtra Support 联系。

（8）空速校准。从飞手工具箱取出空速管帽，套在空速管上，在检查清单上单击检查项，开始空速校准，会收到指令“确保传感器现在没有测风”，直至听到 Wingtra Pilot 的确认信息：“不要触碰，向空速管吹气”后取下空速管帽，直接向空速管吹气。若空速校准失败，可再次单击进入各个检查项重新校准。

（9）在 Wingtra 上按下 Ready - to - Fly（一键待飞）。长按改 2s 使 Wingtra 准备起飞，Wingtra 进入待飞状态后，会给发动机和襟翼发出信号，此时会有一个确认响声，并伴随着 Ready - to - Fly 按钮闪烁，此时需启动一个相机进行例行检查，并拍摄一些测试照片（该项自动测试）。

（10）检测襟翼摆动。Wingtra 进入 Ready - to - Fly 状态后，襟翼便会执行启动程序，检查其是否正常运行，并通过单击此检查项进行确认。

（11）检测相机运行状态。一键待飞状态下，Wingtra 会在 1min 内拍摄 4 张测试照片，若听到快门声，可以确定相机运行状态正常，否则检查 SD 卡是否安装正常。

（12）审查飞行计划并上传至 Wingtra。检查飞行计划，确保 Wingtra 不会碰撞上任何障碍物以及 Wingtra 的飞行没有违反法律或 Wingtra 市场准入限制，经检查无误后，将飞行计划上传至 Wingtra，Wingtra Pilot 将自动保存飞行计划。

（13）准备起飞。查看无人机周围 5m 范围内是否有人，并确保天气情况和空域适于飞行，一切就绪后，单击此检查项进行确认。

按指示成功完成以上步骤后，单击“开始飞行”并将滑动块从左侧移动到右侧（Wingtra 无人机起飞之后 Ready - to - Fly 按钮变为纯绿色）。

3.2.3 飞行中的互动

1. 可能的互动

在飞行过程中，需要对无人机进行实时监控，保证无人机在视野范围内飞行，紧急时刻可以手动进行避障处理。飞行过程中可能的互动见表 3.3。

表 3.3 飞行过程中可能的互动

行　为	结　果
紧急制动	制停所有发动机并盘旋下降
RTH（返回原点）	飞机在当前高度自主飞回，执行计划的降落程序并降落
辅助模式	飞手通过遥控器控制飞行（RC）
转换（辅助模式中有效）	允许无人机在悬飞和巡航之间切换

2. 紧急制动

触发紧急制动的具体操作：必须在 2s 内单击红色按钮 3 次，或者通过平板单击制动按钮并将滑动块从左侧移动到右侧，开启返回原点（RTH）和触发紧急制动（注意：紧急制动状态无法恢复控制无人机）。

3. 辅助模式

辅助模式可通过遥控器“辅助”按钮进行切换，该功能的主要作用是在着陆前保持或调整飞行姿态，在巡航过程中切换至辅助模式是一项安全功能（避免鸟类撞击等），主要注意事项：辅助模式下无法采集图像且不具备扩展的安全防护功能。

4. 悬飞

Wingtra 无人机的飞行模式与多旋翼飞机类似。如果不触碰控制杆，Wingtra 无人机就会悬停。

5. 巡航

在巡航过程中可以通过上升/下降（俯仰）及转弯两种操作控制 Wingtra。

如果不碰触，Wingtra 无人机将以不变的高度和速度飞行（16m/s）并且按照对控制杆的操作上升/下沉（俯仰）和转弯，Wingtra 无人机巡航及悬飞模式条件见表 3.4。

表 3.4　Wingtra 无人机巡航及悬飞模式条件

方式	离原点距离	相对高度	程　序
巡航	任意	高于 60m	在当前高度飞回盘旋圈，并按照预设降落
巡航	任意	低于 60m	爬升至 60m，飞回盘旋圈并按照预设降落
悬飞	大于 80m	高于 60m	转换至巡航，在当前高度飞回到盘旋圈，并按照预设降落
悬飞	大于 80m	低于 60m	爬升至 60m，转换到巡航，在当前高度飞回到盘旋圈，并按照预设降落
悬飞	少于 80m	高于 120m	转换至巡航，飞回到盘旋圈，并按照预设降落
悬飞	少于 80m	在 20m 和 120m 之间	在当前高度悬飞，然后下降着陆
悬飞	少于 80m	低于 20m	爬升至 20m，在原点上空悬飞，然后下降

6. 转换

通过转换按钮实现悬飞与巡航模式的转换，向前飞行转换（悬飞到巡航）：切换至向前飞行前确保无人机处于安全高度，注意切换过程中无法执行上升操作或互动；向后飞行转换（巡航到悬飞）：向后转换需要很大的空间，确保无人机处于安全高度后，在距离悬飞点 40m 的时候转换，切换过程中同样无法互动。

7. 自动返回原点

“Return - to - Home（返回原点）”的功能即控制无人机返回并实现自动着陆。若出现低电量、地理围栏冲突，甚至遥测和遥控连接都失联等情况，Wingtra 会自动启用“Return - to - Home（返回原点）”，紧急返回情况如图 3.15 所示。

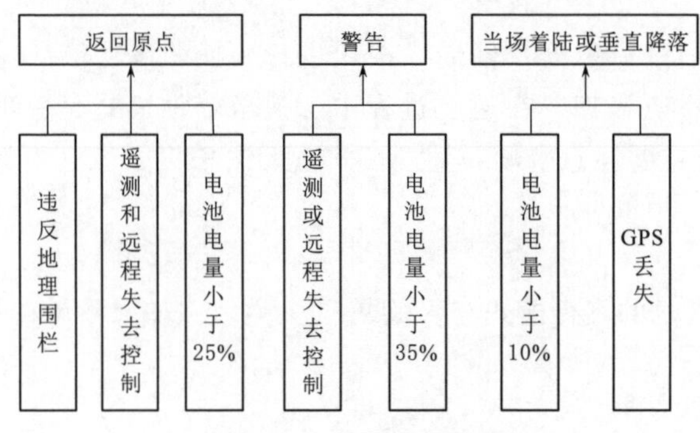

图 3.15　紧急返回情况

8. 着陆

具体操作步骤：若无人机处于巡航状态，在安全的距离和高度范围内使用转换按钮反向切换至悬飞状态，调整无人机朝向使得 Wingtra 标志面向操作者，命令无人机飞至预设着陆点，无人机将通过其距离传感器检测着陆点并在距地面 10cm 的高度关闭引擎，最终完成着陆。

若降落地点出现障碍物、地面不平整、突然起风等突发状况，可手动操作无人机着陆，手动操作台如图 3.16 所示。

图 3.16　手动操作台

按键具体功能：① 菜单导航按钮，导航遥控器的设置；②开/关按钮；③右导航杆；④左导航杆；⑤使用辅助模式；⑥转换：执行转换操作，实现巡航与悬飞状态的转换（辅助模式方可使用）；⑦返回原点：开启后 Wingtra 自动飞回原点和着陆；⑧紧急按钮：2s 内连续按三次，通过切断马达供电来终止飞行（非不可抗力因素下请勿使用）

3.2.4　图像储存

1. 添加地理位置标签

无人机采集到的初始图片不包含地理位置标签，需要在飞行结束时及时添加地理位置标签（GPS 信息），具体操作步骤如下：

（1）下载地理标签。无人机着陆后，Wingtra Pilot 飞控软件自动下载地理标签并显示进程，请耐心等待直至下载完成，地理标签界面如图 3.17 所示。

若地理标签下载失败，单击重试，并靠近 Wingtra 以获取更好的连接，推荐飞行完成后立即添加地理标签。

（2）添加地理标签。关闭 Wingtra 电源，从相机中取出 SD 卡并将其插入平板中，检查飞行计划是否正确，选择 SD 卡上包含所有图像的目录作为图像目录，并单击“开始标记”，对每个图像进行地理标签 POS 数据标记如图 3.18 所示。

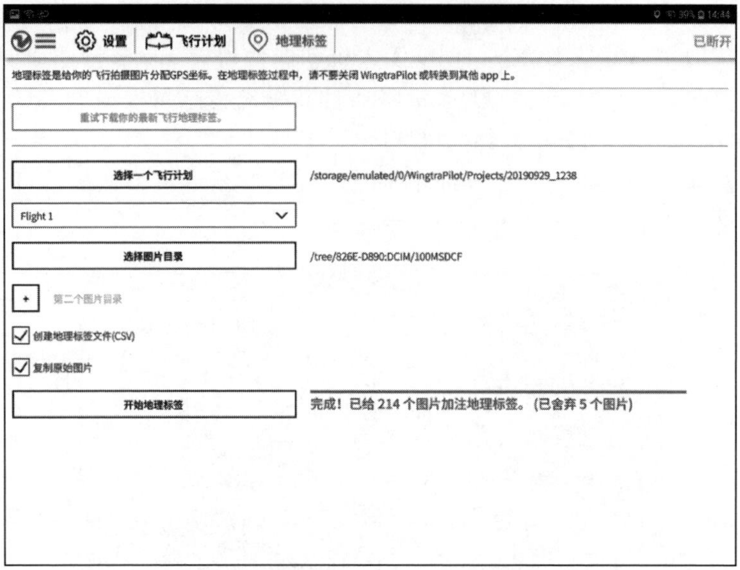

设置
飞行计划
地理标签
已断开
地理标签是给你的飞行拍摄图片分配GPS坐标。在地理标签过程中，请不要关闭 WingtraPilot 或转换到其他 app 上。
重试下载你的最新飞行地理标签。
选择一个飞行计划
/storage/emulated/0/WingtraPilot/Projects/20190929_1238
Flight 1
选择图片目录
/tree/826E-D890:DCIM/100MSDCF
第二个图片目录
创建地理标签文件(CSV)
复制原始图片
开始地理标签
完成！已给 214 个图片加注地理标签。(已舍弃 5 个图片)

图 3.17 地理标签界面

设置
飞行计划
地理标签
已断开
地理标签是给你的飞行拍摄图片分配GPS坐标。在地理标签过程中，请不要关闭 WingtraPilot 或转换到其他 app 上。
重试下载你的最新飞行地理标签。
A
选择一个飞行计划
/storage/emulated/0/WingtraPilot/Projects/20190929_1238
Flight 1
选择图片目录
/tree/826E-D890:DCIM/100MSDCF
第二个图片目录
B
创建地理标签文件(CSV)
复制原始图片
开始地理标签
完成！已给 214 个图片加注地理标签。(已舍弃 5 个图片)

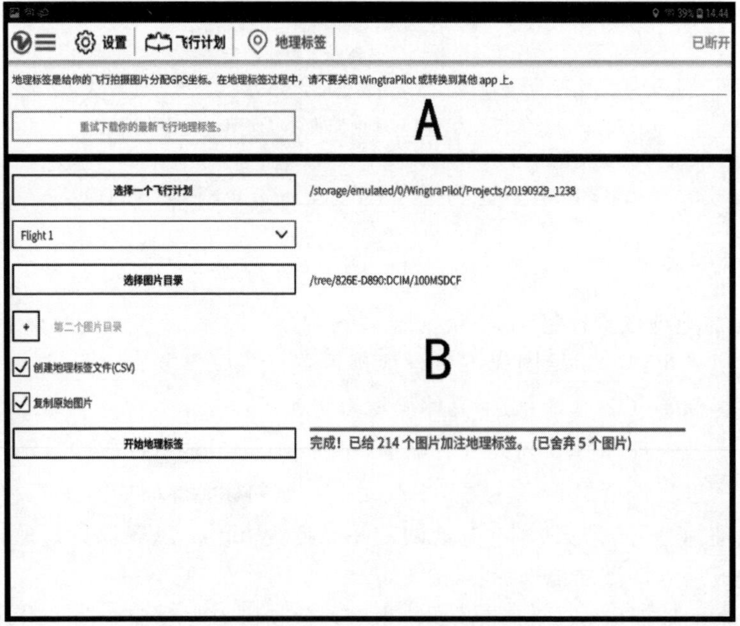

图 3.18 图像 POS 数据标记

其中，A 为地理标签下载部分，B 为地理标签自身部分。等待反馈“成功”，图像添加地理标签可能需要几分钟的时间（如果是千张级的图像集，可能需要 20min)，Wingtra Pilot 创建的图像目录包含原始图像、标签的图像、任务文件和一个带有地理标记、姿态标签的文本文件。

为节省时间，后台添加地理标签时，可以同时飞行其他架次，继续采集数据。

如果相机内计数管超过了最大数 10000 张图像，会提示添加地理标签失败，此时相机为新图片生成一个新文件夹，单击“+”按钮并选择第二个图像目录，开始再次添加。

注意：添加地理标签过程中不要查看图片，否则该地理标签添加就会失败，若此类情况发生，需要从 Wingtra Pilot 重启添加地理标签。

(3) 检查并保存图像。打开 MyFiles App，前往 SD 卡/DCIM，进入项目的文件夹单击它打开一个图像，然后选择 Gallery 作为图像浏览器，如果要继续工作，就把 SD 卡从平板上拔下，可以在每次飞行后将数据从 SD 卡存储到电脑里，然后清除 SD 卡（建议），也可以继续收集数据，在一天工作结束时将所有数据上传，采集影像文件夹如图 3.19 所示。

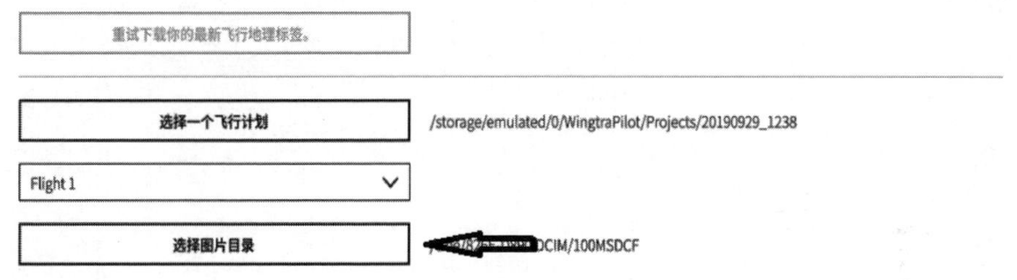

图 3.19　采集影像文件夹

选择图片目录，找到其中一个以日期、时间、项目名称命名的文件夹，该文件夹包含以下内容：

a. 原始子文件夹。未修改的图像。

b. 标记的子文件夹。带有原数据地理标签的所有航拍图像。

c. 日期-时间 . 飞行计划文件。飞行计划（若想按该计划再次飞行，可将此文件下载至 Wingtra Pilot 飞控软件）。

d. 日期-时间 . json 文件。包含时间、GPS 坐标系及姿态的文本文件。

2. 现存飞行任务添加地理标签

在 Wingtra Pilot 软件欢迎界面选择“给现存飞行任务添加地理标签”，并选择各自的飞行计划，将飞行的原始图像放入 SD 卡上的一个单独文件夹，并将 SD 卡插入到平板中，在 Wingtra Pilot 里选择相应的图像目录并单击“开始标记”。

3. 利用后处理工具链添加地理信息标签

从SD卡复制地理信息标签图像到电脑，并用最喜欢的后处理工具链使用它们，再从Tagged子文件夹使用这些图像。

3.2.5 常见故障及处理措施

1. 相机问题

(1) 相机无法连接Wi-Fi。检查相机电量是否充足（相机壳上绿灯亮）。

(2) 图像模糊。检查镜头是否存在灰尘或水滴，设定Sony QX1为手动对焦模式，确保准确触发（尽可能缩短触发时间延迟），若发现图像焦点没对准，可通过下列措施手动调整：

选择1：启动Wingtra，手动开关相机（按相机外壳上的On/Off键），将相机从泡沫中拿出（必须拔下紫色连接线）并顺时针（查看相机）转动对光调焦一整圈，检查平板上的图像锐度，最后重新装入相机并连接紫色导线。

选择2：启动Wingtra，手动开关相机（按相机外壳上的On/Off键），在平板电脑上打开PlayMemories App并连接到相机，将对焦模式改为自动，相机中心对准云或超过50m远的物体，等待焦点调整或切换回手动对焦。

(3) 图片太暗或太亮。若图片太暗需要增加快门时间或ISO，太亮则要减少ISO。

(4) 相机上LED红灯闪烁。检查SD卡安装是否正常。

(5) 飞行中没有拍摄相片：

a. 检查相机镜头盖是否打开。

b. 检查SD卡安装是否正常。

c. 检查SD卡剩余空间是否充足。

d. 重启Wingtra，按Ready-to-Fly（一键待飞），检测照片时听相机快门声音（飞前自动例行检查）。

2. 飞行计划问题

(1) 制订飞行计划时要绘图的区域不平坦。若想说明不同的海拔，可用不同海拔计划多个区域，并在一个飞行任务中执行它们，注意在起飞点上方的区域可以获得比计划中设定的更好的分辨率（例如，显示：3cm/px，实际：2.5cm/px）和更小的重叠度（显示：70%，实际：60%）；在起飞点下方的区域可以获得比计划中设定的更差的分辨率（例如，显示：3cm/px，实际：3.5cm/px）和更大的重叠度（显示：70%，实际：80%）。若条件允许，可以在几个区域上用不同的飞行方向计划飞行（例如，十字形），以获取效果更好的三维结构图片。

（2）起飞点设置的高低。如果有选择，推荐在高点开始，此举可获取更好的视野，并且更容易设定飞行计划，避免与障碍物碰撞，起飞点的高低对采样的影响如下：

如果在高点开始，要知道地面采样分辨率比计划得更差（例如，显示：3cm/px，实际 3.5m/px），重叠度比计划得更大（显示：70%，实际：80%）。

相反，如果在低点开始，要知道地面采样分辨率比计划得更好（例如，显示：3cm/px，实际 2.5cm/px），重叠度比计划得更小（显示：70%，实际：60%）。

（3）未导入我的地图底图。启动 Wingtra Pilot 并连接 Wi－Fi 后，导入地图底图经常出现故障，若导入地图操作失败，可尝试重启 Wingtra Pilot 或更换其他地图模式。

3. 连接问题

（1）初始化失败。少数情况下，Wingtra 会在启动过程中出现初始化传感器异常，出现以下状况时请重启 Wingtra：

a. Wingtra 无人机在地面上缓缓移动（5～10m）。

b. 收到以下警告：

PREFLIGHT FAIL：Estimator error. Reboot WingtraOne

（2）拔掉遥测后，Wingtra Pilot 不会重新连接到 Wingtra。如果平板和遥测之间的 USB 连接是硬件方面的断连，Wingtra Pilot 无法自动重新获得连接，如果发生这种情况，将遥测重新连接至平板并按屏幕右上角的断开按钮，然后让 Wingtra Pilot 与 Wingtra 重新连接。

4. 地理标签问题

（1）收到如下警告：可能出现的数据集故障，图像之间的时间跨度太长。

通常出现该警告时，地理标签已按预期进行，在添加地理标签过程中图像之间的时间间隔也作为质量评估的一个要素，当预检程序里的测试图像和第一次飞行的图像之间时间间隔太长时，就会收到此类消息。

（2）收到如下警告：可能出现的数据集故障，图像数量超过触发图像。

通常出现该警告时，地理标签已按预期进行，一般情况下，实际图像数量不应超过拍摄图像数量和飞前检测里测试图像数量的总和，以下两种情况下会收到此消息：①飞前在 SD 卡里存在多余的图像；②无人机在飞前重启。

（3）收到如下警告：可能出现的数据集故障，匹配不佳。

表明地理标签可能没有平常准确，如果该消息频繁出现，请联系 Wingtra Support，可能与触发相关的东西没有按预期进行有关。

（4）收到如下警告：移除飞前图像。

在已经拍摄一些图像的情况下重启，Wingtra 不把非飞行图片归为飞前图像，虽然没有正确划分，它正确地给飞行中图像添加地理标签，因此，通常这个信息可以忽略。

（5）第一次飞行后忘记添加地理标签。

如果多次飞行的图像都在 SD 卡上地理标记就会失败，当忘记对第一次飞行的图像进行地理标记，并且第二次飞行中收集了其他的图像，可采取以下处理方法：将所有的图像按照飞行计划进行分类并存入 SD 卡的不同文件夹中，然后在各个文件夹对每一次飞行添加地理标签。

（6）地理标签下载成功前，Wingtra 被关机。

此状况下尝试重启 Wingtra，被问及是否想现在下载地理标签时按指示操作，若 Wingtra Pilot 没有询问，则前往地理标签菜单并单击“为最新飞行任务重新下载地理标签”，之前飞行任务没有下载的地理标签，将永久丢失。

5. 维修问题

（1）更换螺旋桨。更换螺旋桨注意事项：两块螺旋桨形状不同，用颜色标注；确保螺旋桨安装无误（需匹配马达舱部位的颜色）。

（2）更换空速管。一旦空速管底座损坏，联系 Wingtra Support。如果空速管出现堵塞或金属管破损，可以卸下空速管的底座，更换新金属管。此过程务必保证红色塑料管与新金属管的红色端口、无色塑料管与新金属管的无色端口相连。

（3）更换马达支架。若马达舱出现弯曲或破损，请及时更换马达舱，切勿来回掰扯，此时建议联系 Wingtra Support，查找专业的更换教程指导操作。

3.3 Wingtra 无人机内业数据处理

无人机外业航测的视频数据、影像数据以及地面控制点 POS 数据需要进行处理生成产品方可进行工程设计工作。内业数据处理就是将无人机获取的视频和影像数据，经过 POS 数据处理、格式转换及预处理后，对数据进行分析并且提取有效数据，在自然灾害检测、文化遗产保护、数字化城市建设及地理国情普查等领域有着广泛的应用。

3.3.1 影像处理特点及技术流程

1. 影像处理特点

（1）影像变形大。由于飞机承重的限制，无人机搭载的传感器是非测量型普通相机，所呈现的影像和环境的映射关系等比较复杂，而且影像的呈现不稳定，无法达到精确测绘的要求；无人机经常在超低空飞行，地形等对分辨率的影响较大；无人机体积小、质量轻，在飞行作业时受气流变化影响较大，风力较大时，飞行姿态会发生相应的变化，特别是在航带转弯处，飞行姿态抖动严重，导致成像效果较差。

（2）影像相幅小、数量多。通常采用普通的非测量数码相机，影像相幅较小；为获取较高的空间分辨率，降低无人机航摄高度，造成地表覆盖范围减小，导致影像数量增加。

2. 技术流程

Wingtra 无人机数据处理流程如图 3.20 所示。

（1）将无人机获得的数据进行一系列预处理。

（2）结合 POS 数据进行自动空中三角测量。

（3）通过提取的数字表面模型（DSM）进行滤波处理得到 DEM。

（4）对生成的 DEM 进行数字微分纠正得到正射影像（DOM）。

（5）对得到的 DOM 进行拼接等处理得到成果图。

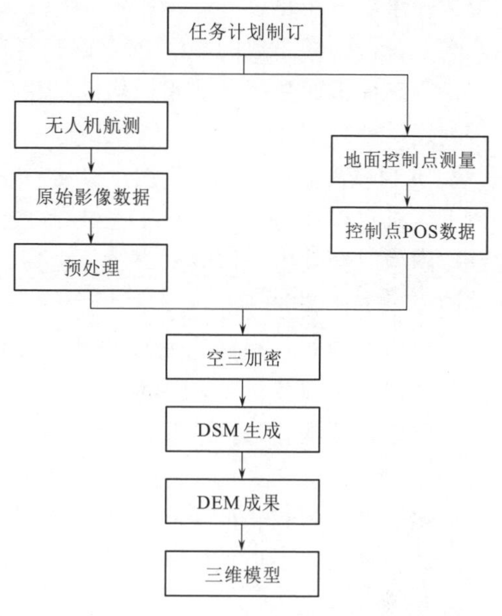

图 3.20　Wingtra 无人机数据处理流程

3.3.2　数据预处理

无人机进行航拍摄像时，会受到诸如地势高低起伏、空气温度冷热不均匀等环境因素干扰，影响成图质量，所以进行数据处理前要先对其进行预处理，以防影响因素对获取的图像产生不良的效果，主要处理方法如下所述。

1. 飞行质量检查

飞行质量检查主要检查图像的影像重叠度、航带弯曲度、航高保持和影像旋角等方面。

（1）影像重叠度。其包括航向和旁向重叠，航向重叠指在同一个航线飞行时有相邻的影像，旁向重叠指在相邻航线上有重叠的影像。根据影像重叠度的标准，航向重叠通常为 60%～80%，最低为 53%；旁向重叠为 15%～60%，最低为 8%，根据数据记录，利用软件按重叠度排列，检查确保整个航摄区域内不存在漏洞，并且所选取的数据要符合影像重叠度的要求。

（2）航带弯曲度。其指航带两端像片主点之间的直线距离与偏离该直线最远的像主点到该直线的垂距之比的倒数，通常不超过 3%。无人机飞行时会受到天气、温度等自然环境的影响而出现航线偏离，航带弯曲度过大，进而出现拍摄漏洞，影响获得的数据。

（3）航高保持。无人机在飞行拍摄的过程中，会受到天气状况出现飞行高度不符合预期的情况。飞行高度的变化会影响数据清晰度、比例以及影像重叠度，根据要求在飞行过程中飞行航高的差值最高为50m，在同一航线的高度差最高为30m。

（4）影像旋角。根据航空摄影测试的要求，除个别位置不能超过30°外，其余影像旋角均不能超过15°，在同一航线获得的影像，不能有三个超过20°，不能有大于获得影像总数的10%的影像旋角超过15°。

检查确保影像数据各项指标均满足相应规范要求后，进入后续的几何纠正、航带整理等处理工作。

2. 几何畸变校正

无人机在作业时，因为飞行会导致无人机的成像传感器发生形态的变化，在获取图像时会发生几何畸变（图像坐标与地图坐标之间的偏差），校正的目的即消除或改正该偏差。

航摄影像的变形有静态变形和动态变形两种。静态变形包括内部和外部误差，内部误差是由传感器的因素引起的，外部误差是由地形的起伏波动、传感器所在的位置的变化等因素所引起的误差；动态变形是由于传感器的运动所造成的变形。

航摄影像几何校正的关键是确定参考坐标系统及影像的内外方位因素，并进行旋转变换到同一原点的坐标系，以此消除差异。

3.3.3 影像拼接

无人机获得的影像由于飞行航高低，单张影片的视野范围较小，当需要较大范围的影像产品时，需要通过影像拼接来实现，影像拼接的主要措施如下所述。

1. 影像匹配

影像匹配即在无人机获得的影像中，经过一定的算法获取同名点的过程，本书重点介绍基于特征的影像匹配方法。

基于特征信息的影像配准方法主要是提取影像的特征信息，然后基于提取的特征（尤其是基于特征点）信息进行特征匹配，最后实现整个影像的配准，一般包括如下四个步骤：

（1）特征提取。影像匹配中最重要的一个环节，不仅影响后续的工作进行，也影响工作的效率和精确度，特征提取的原则是要方便提取，而且数量多、分布广。

（2）特征匹配。首先要对特征进行描述，在获得的影像中建立特征集的相应关系，经过一系列算法去除在特征集中匹配的错误信息。

（3）模型参数估计。根据构建的特征匹配关系确定相邻影像之间的整体关系，以此构造模型，得到模型参数。

（4）影像变换与插值。根据模型参数，在同一坐标系构建影像，并对影像进行插值处理。

2. 影像融合

经过影像匹配与叠加后，发现拼接处附近有明显的拼接线，并伴有颜色差异，这会影响影像的整体效果，无人机影像融合的目的就是解决此类问题，消除影像之间的色差和曝光差，实现无缝拼接。

由无人机影像的成像特点即可推知，在影像匹配时，与影像中心的距离越远，影像间配准误差就越大。若在拼接时，简单地将一幅影像直接覆盖在另一幅影像上，不做任何的融合处理，必然会使得拼接后的影像产生明显的拼接线，并且，由于拼接线位于远离影像中心的边缘区域，而远离中心的边缘区域其畸变最为明显，所以在拼接线两边会看到明显的错位。无人机在飞行时不够稳定，获取影像存在色差，并且无人机影像的重叠性较高，要想在影像的拼接过程中实现无缝衔接，避免“鬼影”，那就必须在最终拼接影像的重叠区域进行无缝的融合。

简单来讲，无人机影像的匹配决定了影像的拼接精度，而无人机影像的融合则决定了影像的视觉效果。

3.3.4 影像产品生成

测绘产品生产是影像处理的最终目的，也是决策支持和信息服务的依据。无人机在移动测量中产生的主要测绘产品：数字高程模型（DEM）、数字正射影像（DOM）、数字线划图（DLG）和数字栅格地图（DRG）。

1. 数字高程模型（DEM）

数字高程模型即某一投影平面上规则格网点的平面坐标（X，Y）及高程（Z）的数据集。目前主要通过野外实测、从现有地形图上采集、利用机载激光雷达采集及干涉雷达采集等方法来获取其数据源，全自动匹配提取与自动量测多点在无人机光学影像获取 DEM 时被广泛应用，并且经过排除和过滤删除部分不符合要求的点后，经内插构造形成 DEM。DEM 具有多种表达形式，其中规则矩形格网与不规则三角网等使用较多。按照这种方式表示的 DEM 可以很好地弥补其弊端，完整地表示出地貌特征。三角网 DEM 或 TIN 表示通常在地形较为复杂的区域使用。为了满足制作 DOM 的需要，通常会制作 DEM。在 2.2.2 节介绍的空中三角测量基础上，对各特征点进行密集性匹配，可以获得点云，点云如图 3.21 所示。

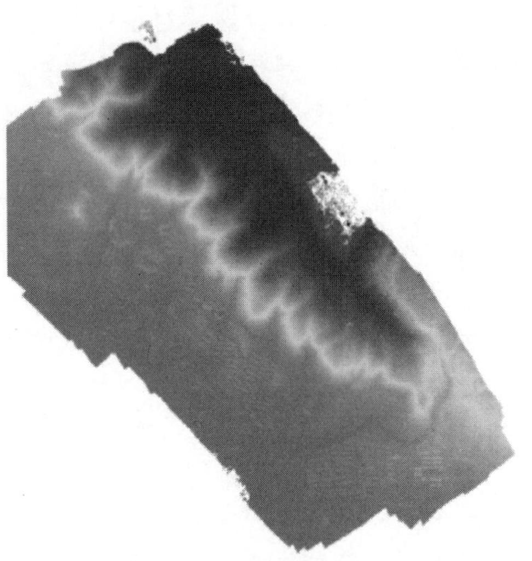

图 3.21　点云

2. 数字正射影像（DOM）

数字正射影像是利用数字表面、高程模型（DSM、DEM），经数字微分纠正（逐像元几何纠正）、数字镶嵌（影像拼接），并按国家基本比例尺地形图图幅范围裁剪、整饰生成的数字正射影像数据集。

DOM 能够真实地反映客观存在的物体和目标，数据真实丰富具有可靠性。数字正射影像的优点很多，包括准确性强、精度高，获取的速度快，效率高，能够直观地反映物体，具有广泛的应用性，不仅可以应用在城市和区域规划、土地利用和土壤覆盖图，还可以作为地图的背景，整理和分析信息，获取在历史发展过程中的自然资源和社会的发展历程以及最新的信息。可以作为防止自然灾害的可靠依据，还会为城市的建设提供参考。通过数字正射影像还能够从中提取和演绎出新的地图，可以对地图进行检查和实时地更新。数字正射影像是非常重要的获取地理信息的产品，它的数据广泛，信息量大，获取的内容丰富，精度非常高。

3. 数字线划图（DLG）

数字线划图是以点、线、面形式或地图特定图形符号形式，表达地形要素的地理信息矢量数据集。其中，点要素在矢量数据中表示为一组坐标及相应的属性值；线要素表示为一串坐标组及相应的属性值；面要素表示为首尾点重合的一串坐标组及相应的属性值。

数字线划图在数字测图中较为常见，此产品可以较全面地描述地表现象，目视效果与同比例尺一致但色彩更为丰富；满足各种空间分析要求，可随机地进行数据选取和显示，与其他信息叠加，可进行空间分析、决策，其中部分地形核心要素可作为数字正射影像地形图中的线划地形要素。

4. 数字栅格地图（DRG）

数字栅格地图是根据现有纸质、胶片等地形图经扫描和几何纠正及色彩校正后，形成在内容、几何精度和色彩上与地形图保持一致的栅格数据集。

数字栅格地图兼容性强，可作为背景用于数据参照或修测拟合其他地理相关信息，使用于数字线划图（DLG）的数据采集、评价和更新，还可与数字正射影像图（DOM）、数字高程模型（DEM）等数据信息集成使用。派生出新的可视信息，从而提取、更新地图数据，绘制纸质地图。

3.4 数据处理软件

3.4.1 UAS Master

UAS Master 是由美国 Trimble 公司研发的一款处理无人机航摄影像并快速生成正射影像的影像处理软件，可以处理任意无人机系统获取的数据，对具有重叠的航空影像进行自动匹配连接点，从而获取影像的相对姿态位置。自动匹配的连接点在测区内分布密集，在弱纹理地区具有较好的匹配质量；包含一键式操作获取结果模式和逐个过程人机交互进行质量控制的模式，保证操作人员在不具备摄影测量知识和经验的情况下也能以此获取高精度的航测成果，使用时只需要输入相关参数，软件自行处理航摄影像，软件具体处理操作如下所述。

1. 新建项目

创建新项目将打开 UAS 项目编辑器，除了管理设置，还必须定义目标坐标系，所有结果将参考该坐标系。目标坐标系必须是投影系统，而不是地理系统，所有导入数据将转换为定义的目标系统。新建项目如图 3.22 所示。

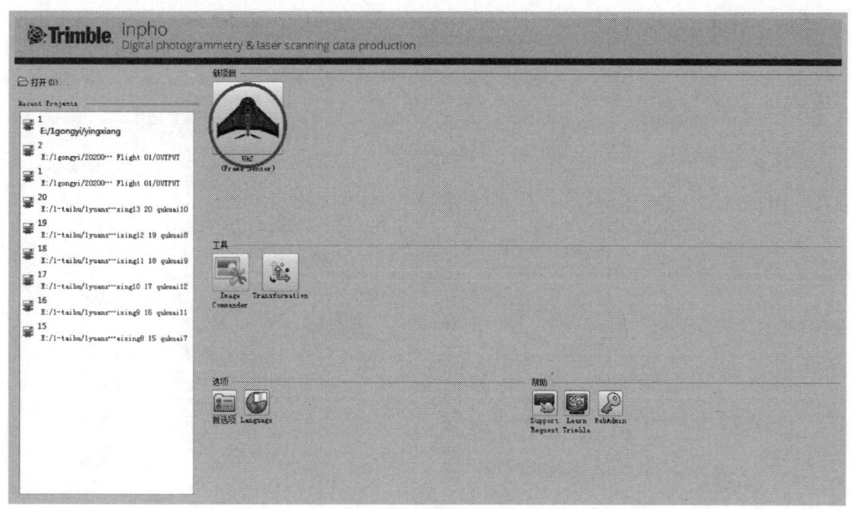

图 3.22 新建项目

在描述部分根据实际情况输入项目名称、操作员名称，设置为英文格式；根据实际飞行项目要求设置坐标系，单击“…”会出现坐标系统，基本信息选项如图3.23所示。

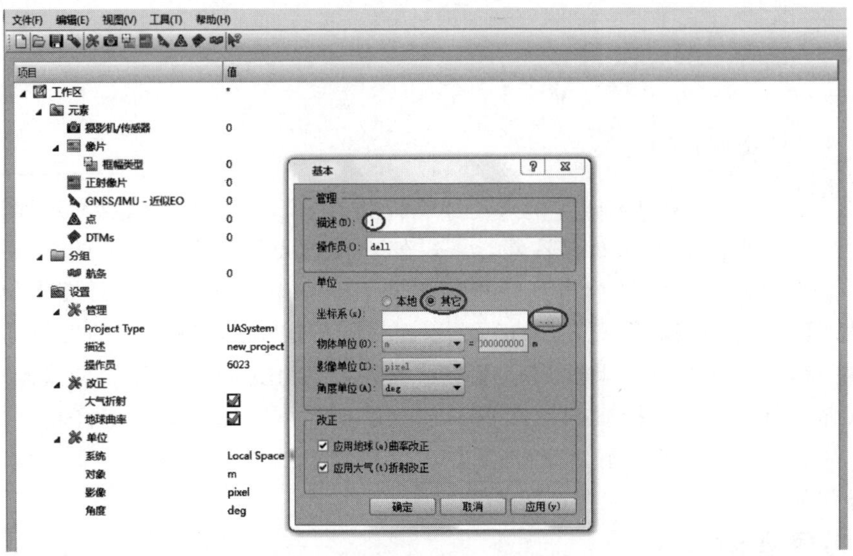

图3.23 基本信息选项

2. 坐标系选择

根据实际进行坐标系选择，例如：Beijing 1954系统、WGS 84系统等。选择坐标系如图3.24所示。

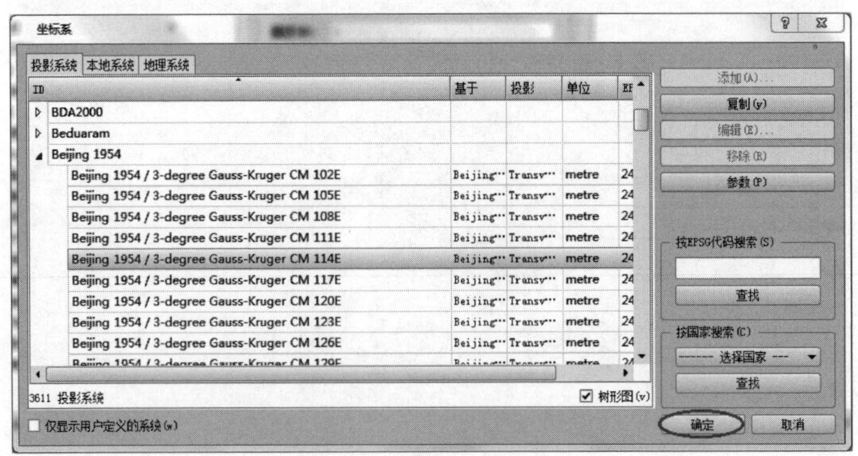

图3.24 选择坐标系

3. 添加相机类型

根据 Wingtra 搭载的非测量型的高精度 Sony RX1RⅡ数码相机设置相机型号，双击“摄影机/传感器”，在摄影机编辑器中添加或导入摄影机，可任意命名摄影机 ID，选择相应型号，单击确定。相机设置如图 3.25～图 3.28 所示。

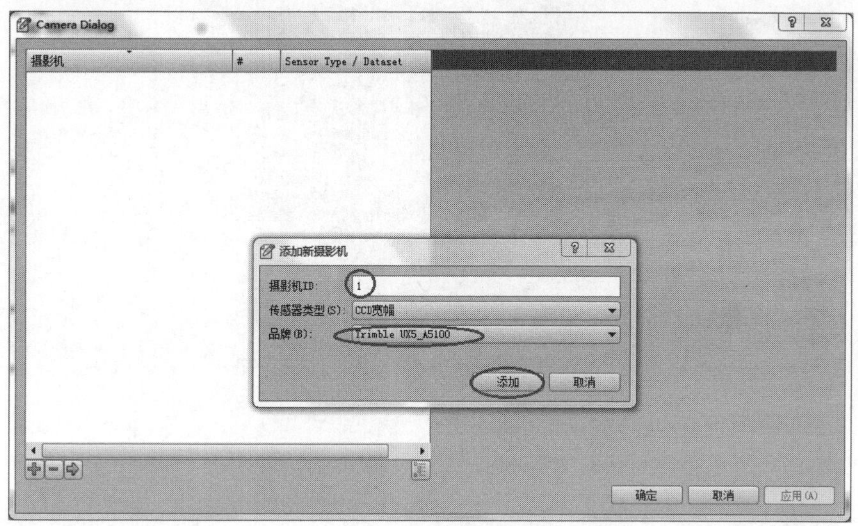

图 3.25　相机设置

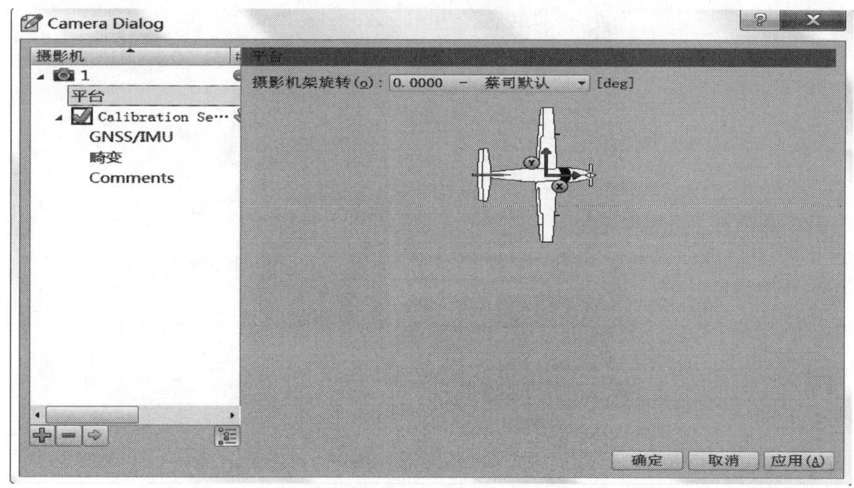

图 3.26　相机机架旋转设置

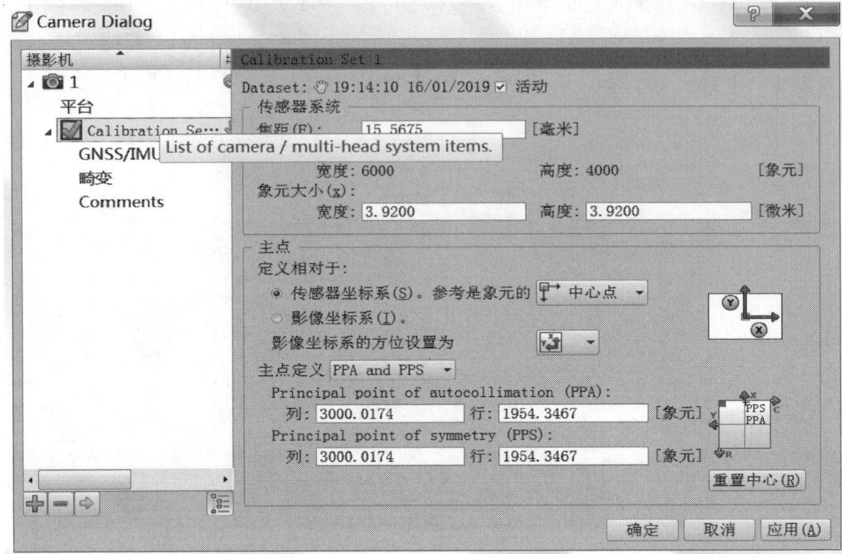

图 3.27 传感器系统设置

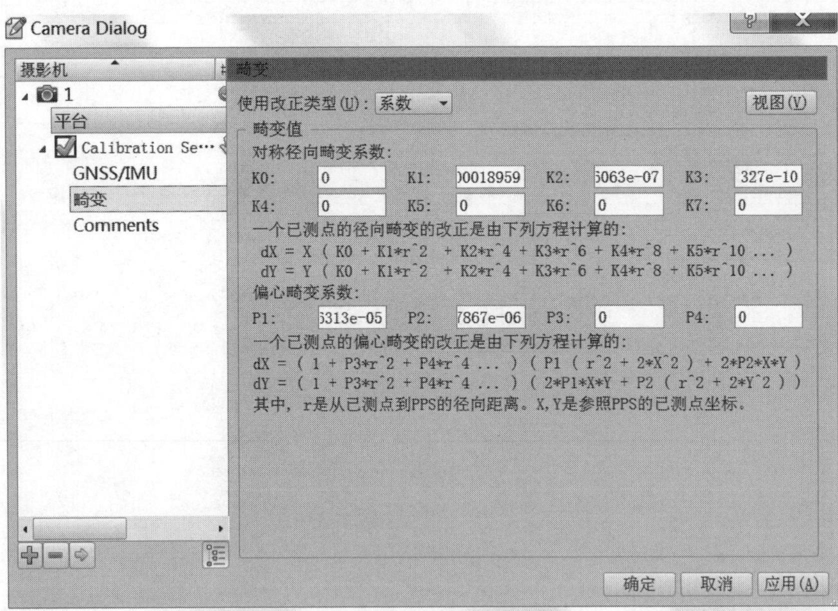

图 3.28 畸变调整

4. 导入原始影像

双击“框幅类型”，在框幅像片编辑器中导入影像文件，选择导入方式为“选择目录”，找到原始影像所在文件目录导入原始影像，根据地面控制点的坐标高程，取高程平均值设置地形高度，再选择“使用片段”对位置进行设置，使设置的片段包含点 ID 的全部名称。框幅类型选项卡如图 3.29～图 3.33 所示。

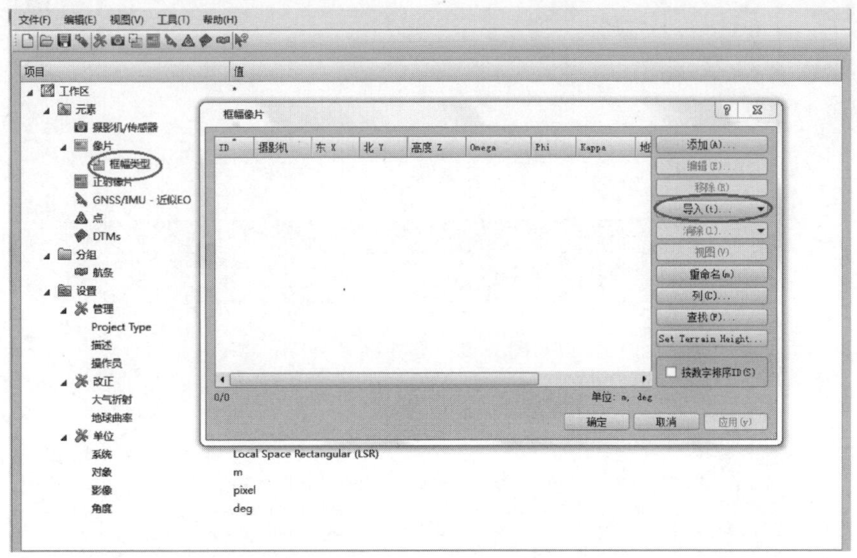

图 3.29 框幅类型选项卡

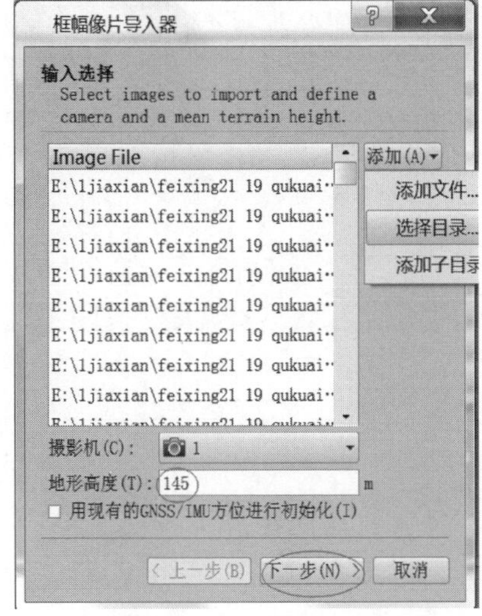

图 3.30 选择影像文件

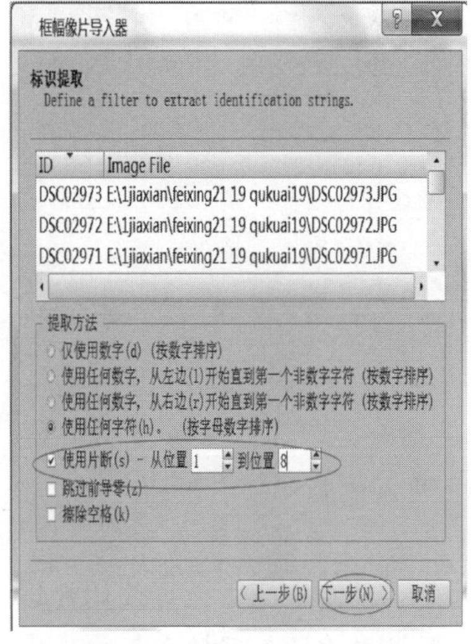

图 3.31 使用片段设置（框幅像片）

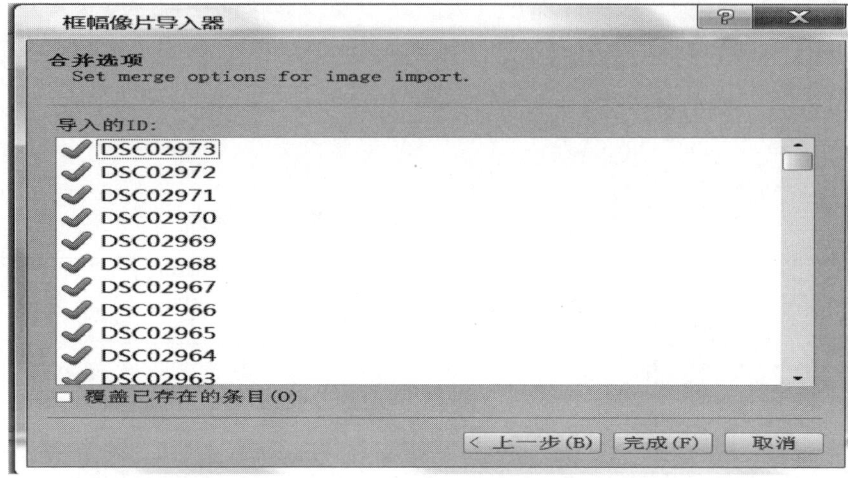

图 3.32　合并完成

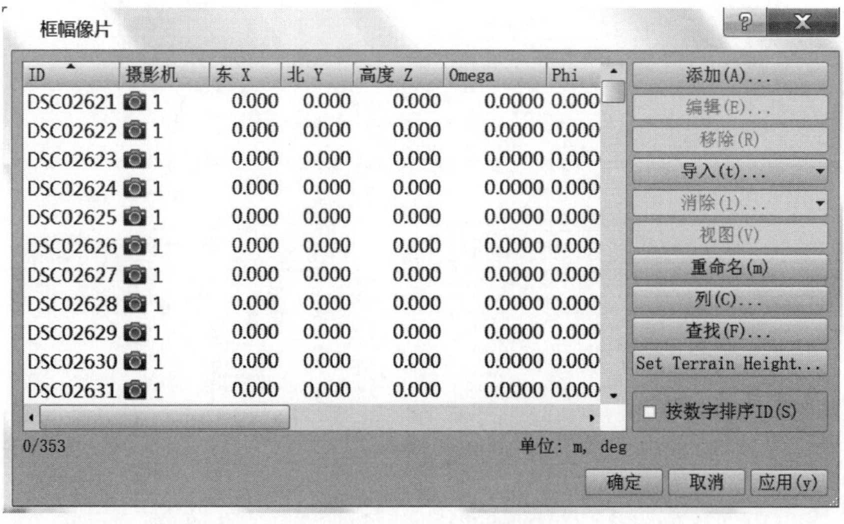

图 3.33　框幅像片导入完成

5. 导入地面控制点坐标

步骤与 POS 数据导入相同，选择 GPS 测量的地面控制点坐标 CSV 文件，设置点名、平面坐标，设置使用片段，选择与 POS 数据相同的坐标系，完成地面控制点坐标的导入。导入过程如图 3.34～图 3.37 所示。

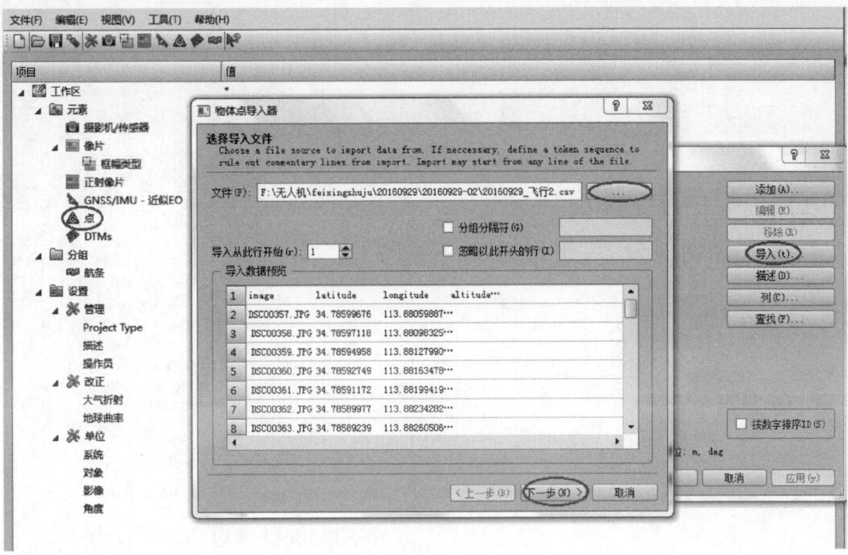

图 3.34 控制点导入选项卡

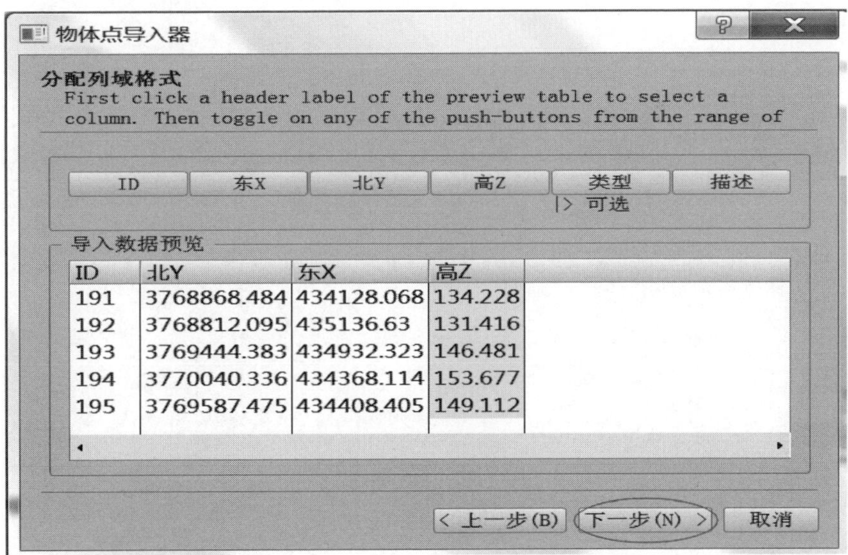

图 3.35 数据名称设置

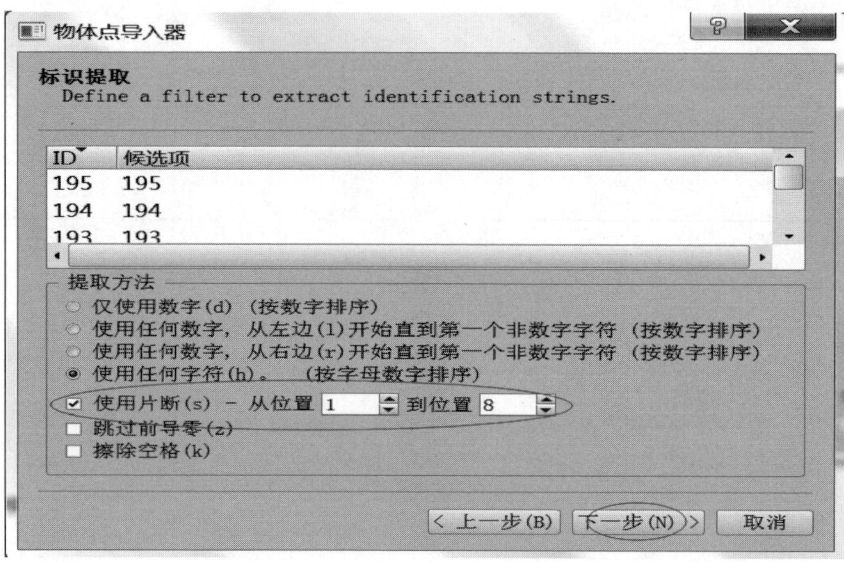

图 3.36　使用片段设置（物体点）

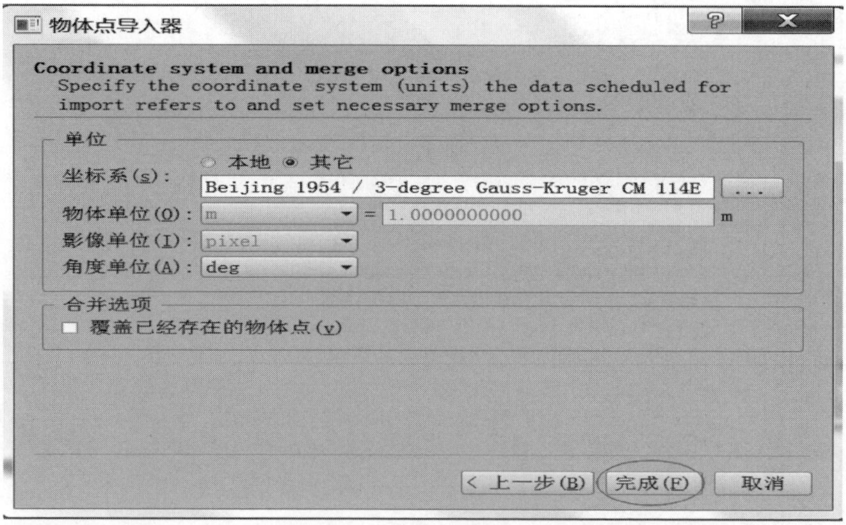

物体点导入器

Coordinate system and merge options

Specify the coordinate system (units) the data scheduled for import refers to and set necessary merge options.

单位

本地　其它

坐标系(s)：Beijing 1954 / 3-degree Gauss-Kruger CM 114E

物体单位(O)：m = 1.0000000000 m

影像单位(I)：pixel

角度单位(A)：deg

合并选项

覆盖已经存在的物体点(v)

< 上一步(B)　完成(F)　取消

图 3.37　选择坐标系统

6. 生成航条

双击“航条”在航条生成编辑器中，根据 POS 数据设置使用片段将全部空间点提取，设置方位角限差和距离限差，航条生成后保存项目。生成航条过程如图 3.38～图 3.41 所示。

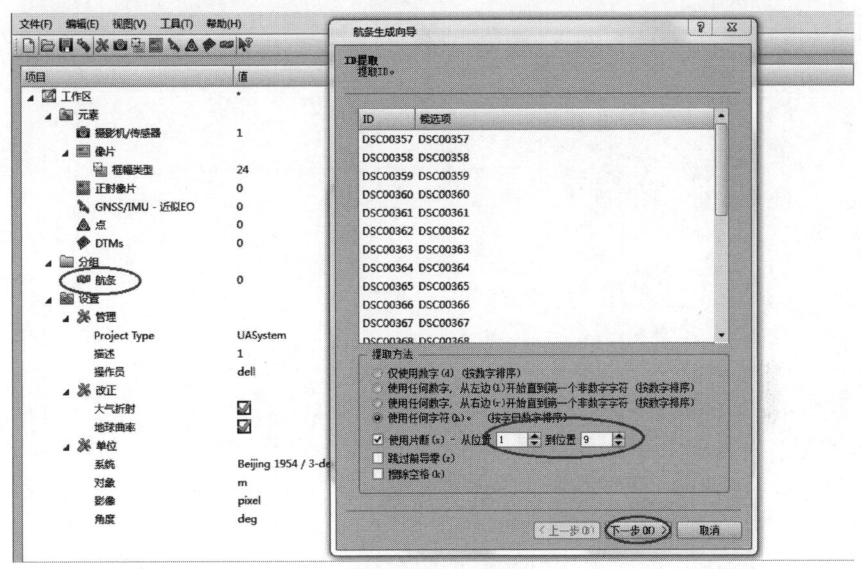

图 3.38 使用片段设置（航条）

图 3.39 参数设置

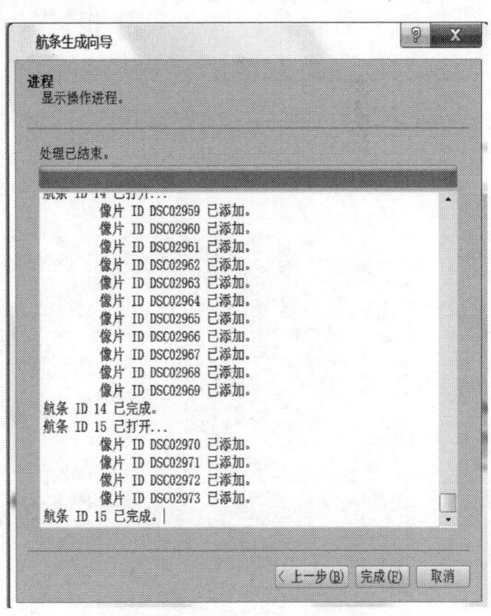

图 3.40 航条导入完成

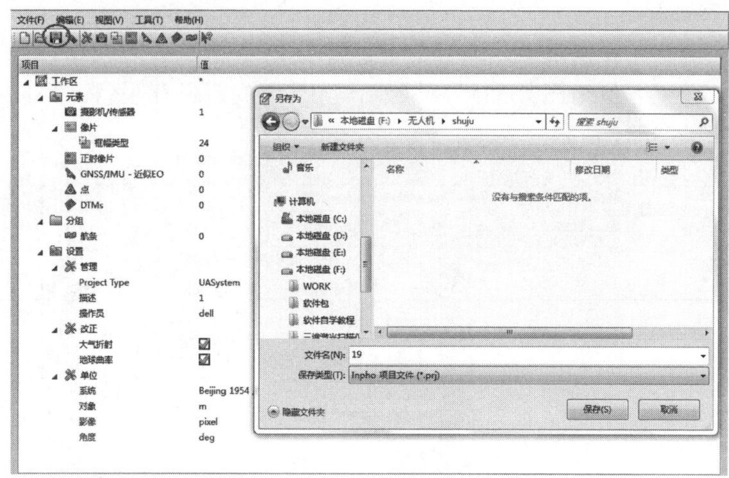

图 3.41 保存项目

7. 生成数字高程模型（DEM）

检查生成的航条和地面控制点是否符合实际飞行情况，单击“地理参照”将空间点进行坐标变换，使得空间点坐标系与地面控制点坐标系相同；进行连接点提取，根据项目要求可选择不同的精度进行连接点提取，一般选择默认，软件进行自动坐标变换；单击“测量”根据地面控制点选择“测量GCP”进行刺点，将空三坐标变换后控制点的位置与影像中实际位置统一，使每张影像在色彩精度上进行拼接融合；单击“定位”进行平差与校准；平差完成后，单击“report”生成报告，便于对Wingtra无人机飞行过程进行检查；生成数字高程模型（DEM）。操作过程如图3.42～图3.47所示。

图 3.42 地理参照

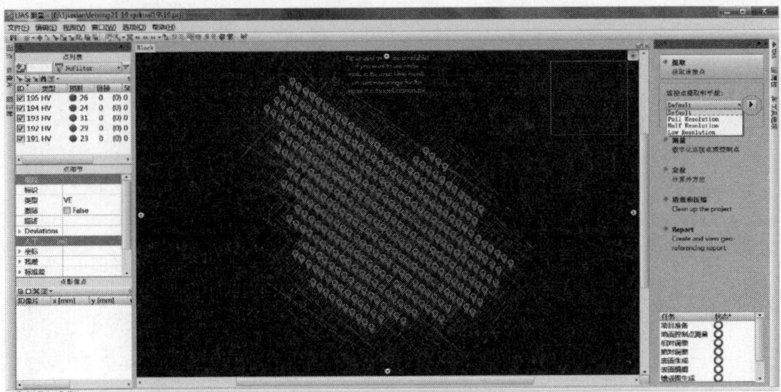

图 3.43 点云提取

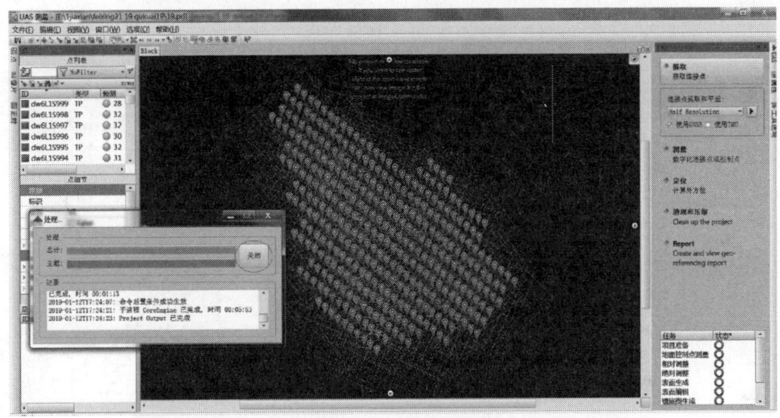

图 3.44 点云提取完成

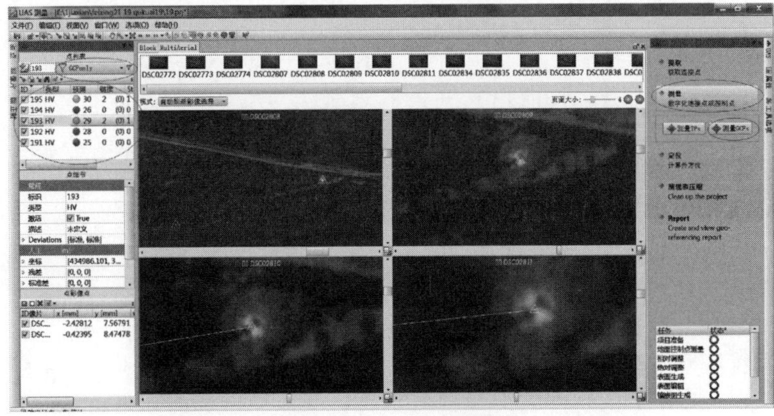

图 3.45 GCP 点测量

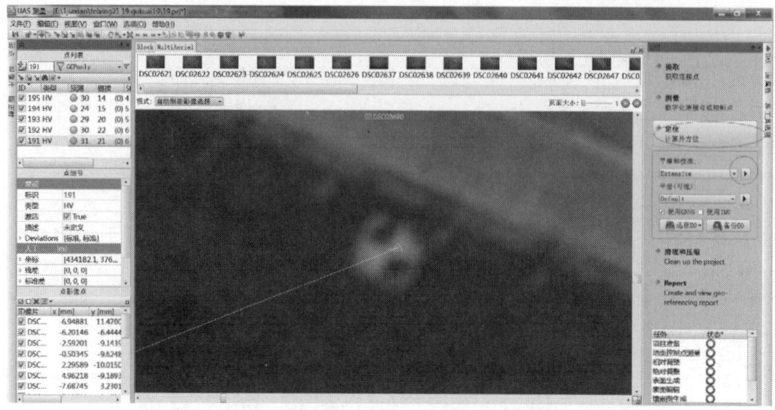

图 3.46　控制点刺点

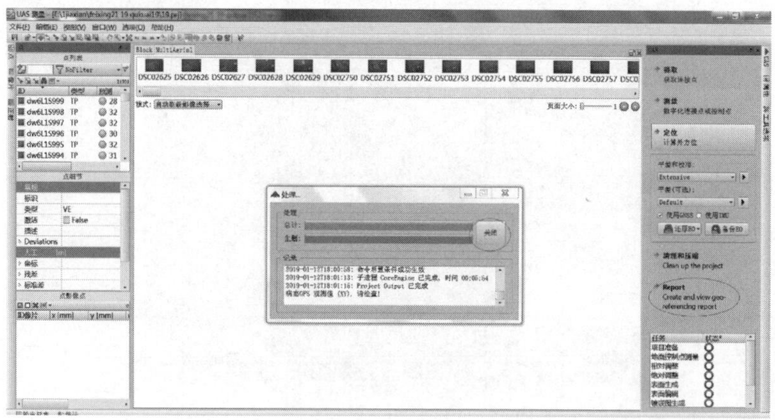

图 3.47　生成报告

8. 生成数字正射影像图（DOM）

在点云管理编辑器中单击“表面和正射像片生成”，生成实际地物三维模型（DSM）；再提取正射影像，根据实际飞行时设置的飞行高度确定像元大小，选择正射镶嵌，处理结束，数字正射影像图（DOM）生成。操作过程如图 3.48～图 3.51 所示。

3.4.2　Global Mapper

Global Mapper 是一款非常专业的地图绘制软件，能够访问各种空间数据集，且提供了完美地解决方案，以满足经验丰富的 GIS 专业人员和初级用户的需求。本书主要介绍该软件的图像裁剪功能，具体操作步骤如下：

图 3.48　表面正射影像生成选项卡

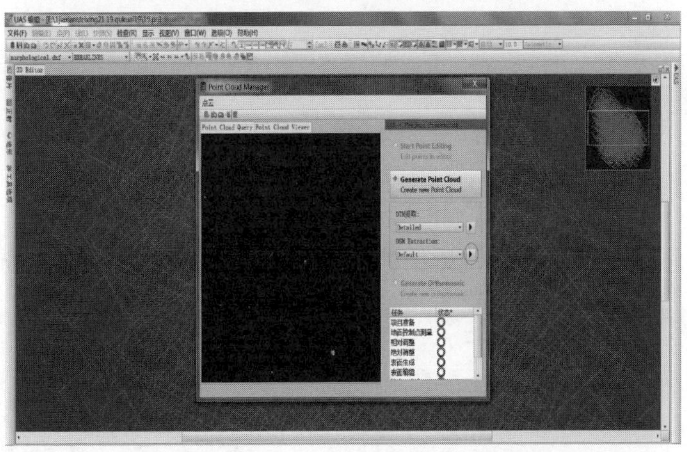

图 3.49　DSM 提取

图 3.50　像元大小设置

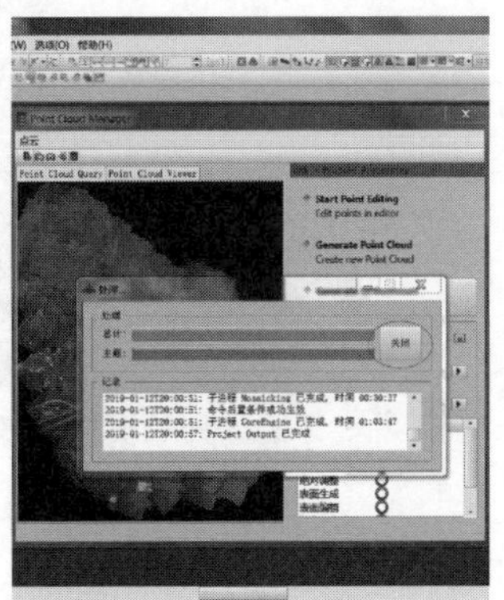

图 3.51　正射影像图生成

打开 TIF 格式的数据文件，选择框选工具对飞行区域的正射影像图进行裁剪，保留有图像区域部分；导入相邻飞行区域并做相同处理，在裁剪区域时注意与上一个区域连接；完成拼接后将框线图层关闭，就得到拼接后的区域组合图，再导出为 .GeoTIFF 格式，具体步骤如图 3.52～图 3.63 所示。

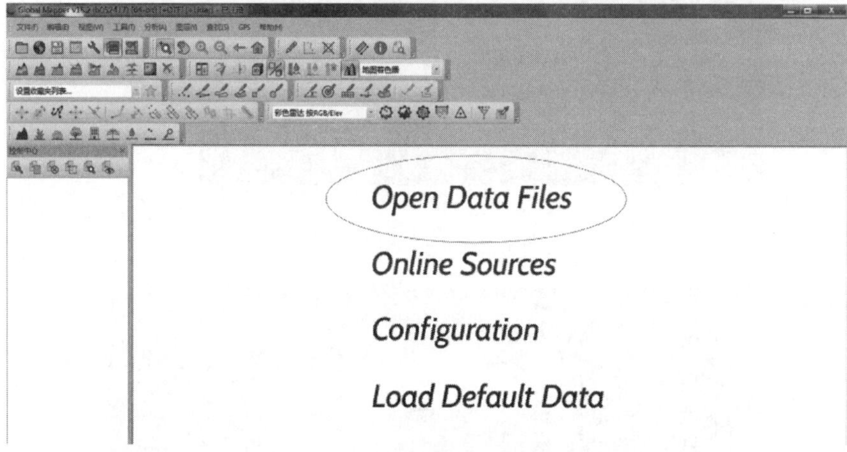

图 3.52　打开文件夹

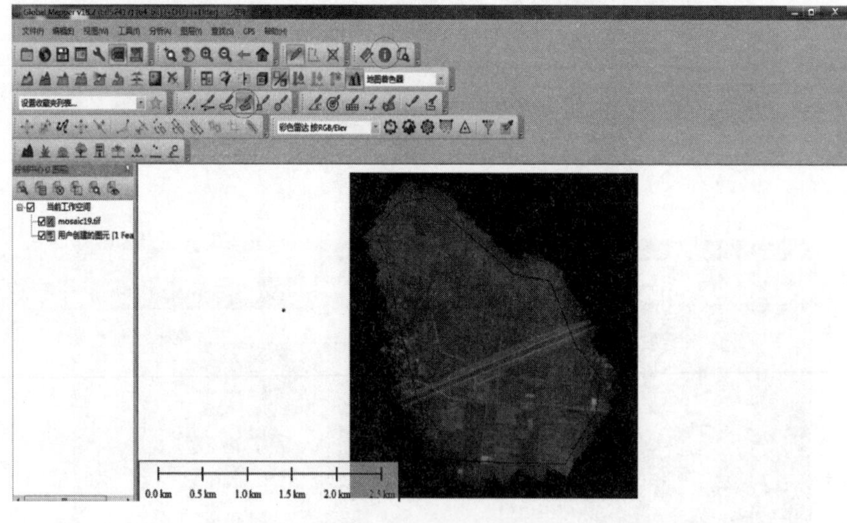

图 3.53　框选区域

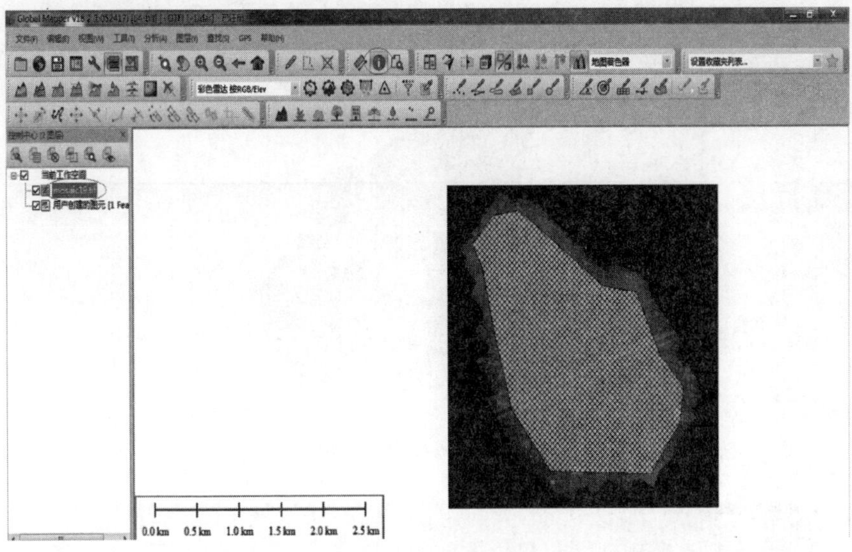

图 3.54　区域信息提取

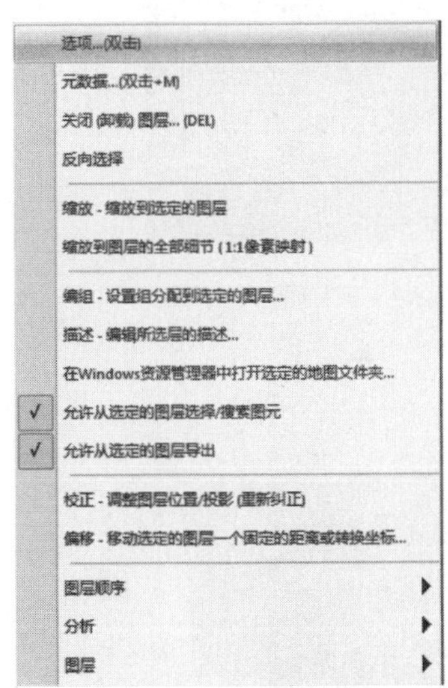

图 3.55　选项卡

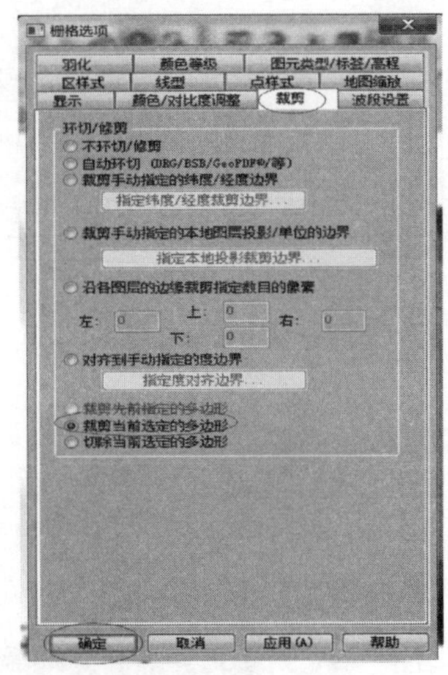

图 3.56　裁剪区域

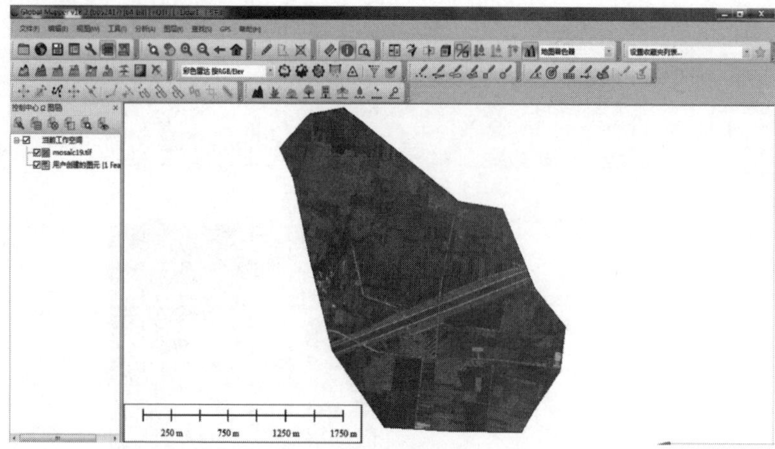

图 3.57　区域裁剪完成

图 3.58　打开相邻区域

图 3.59　区域拼接

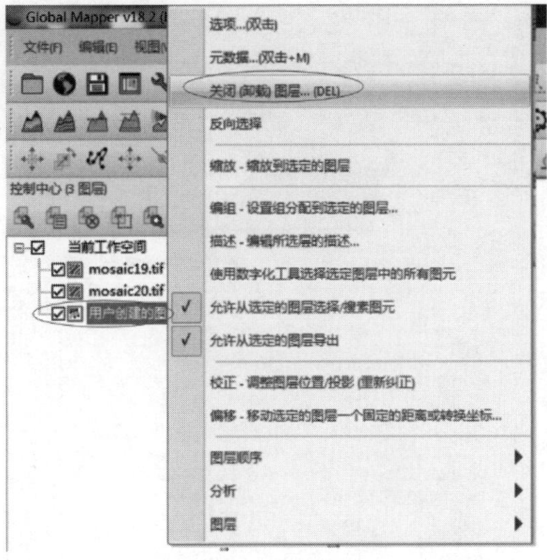

图 3.60　边界删除

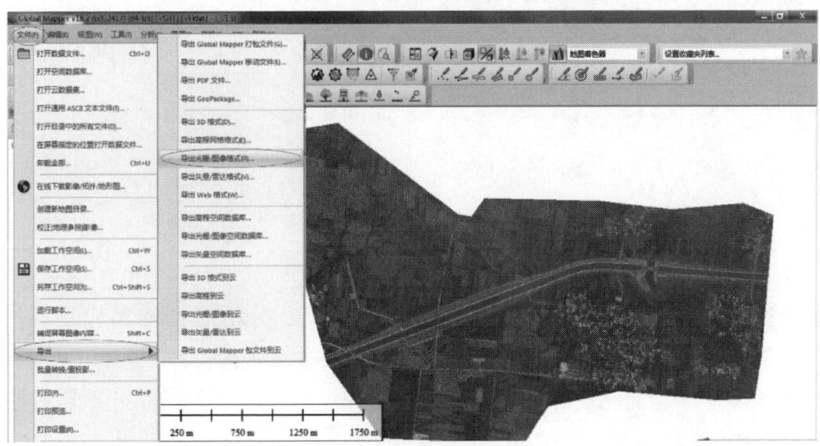

图 3.61　影像导出

图 3.62　导出 .GeoTIFF 格式

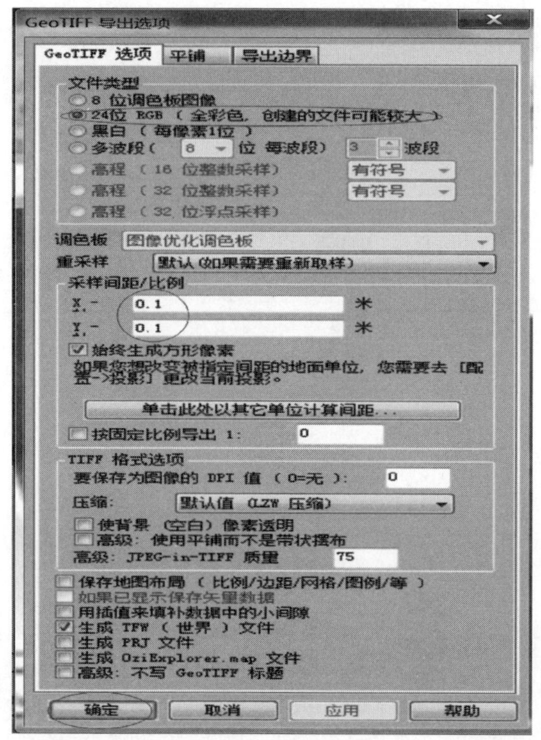

图 3.63　选项设置并导出

3.4.3　ArcMap 点云裁剪

ArcMap 是一个可用于数据输入、编辑、查询、分析等功能的应用程序，具有基于地图的所有功能，实现地图制图、地图编辑、地图分析等功能。ArcMap 包含一个复杂的专业制图和编辑系统，它既是一个面向对象的编辑器，也是一个数据表生成器。ArcMap 中包含了一大批创建和使用地图的工具。

ArcMap 提供两种类型的地图视图：数据视图和布局视图。在数据视图中，用户可以对地理图层进行符号化显示、分析和编辑 GIS 数据集。数据视图是任何一个数据集在选定的一个区域内的显示窗口。在布局视图中，用户可以处理地图的页面，包括地理数据视图和其他数据元素，比如图例、比例尺、指北针等。ArcMap 主界面如图 3.64 所示。

第一步：打开 ArcMap，单击左侧的“图层”，右键弹出对话框，选择“属性”对属性进行设置，在弹出如图 3.65 所示的界面中的坐标系栏中选择“投影坐标系”，点开之后选择 Gauss Kruger→CGCS2000→CGCS2000 3 Degree GK CM 114E→确定。

图 3.64　ArcMap 主界面

第二步：单击左侧的“图层”，右键弹出菜单栏中选择“添加数据”，在如图 3.66 所示的界面中找到需要添加的文件。

图 3.65　坐标系选择

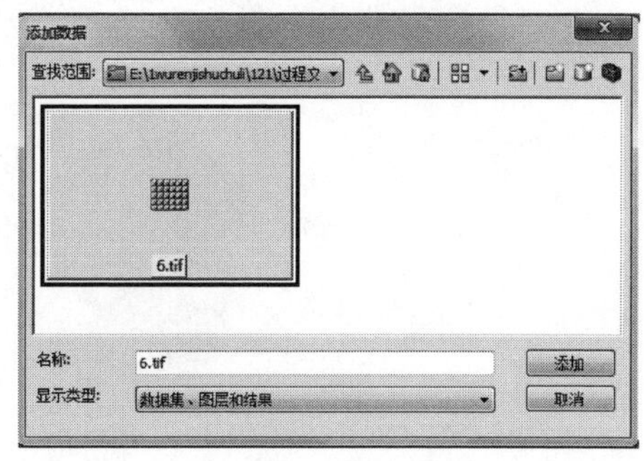

图 3.66　添加文件

如果没有找到文件夹，可以单击“转到文件夹链接”中定位文件夹所在位置。添加完成之后就是如图 3.67 所示的界面，接着单击“确定”。

图 3.67 文件添加完成

第三步：单击最右侧的“目录”，找到过程文件夹之后右键新建“Shapefile”，在要素类型中选择折线，此处可以对新建的 Shapefile 重命名，本书命名为边界。单击“编辑”，点开之后选择 Gauss Kruger→CGCS2000→CGCS2000 3 Degree GK CM 114E→确定。

在最左侧单击新建的“边界”，右键单击“编辑要素”选择“要素编辑”。单击最右侧的边界开始编辑，逐步地选中整个图片，然后右键选择“完成草图”，在编辑器中选择“停止编辑”，如图 3.68 和图 3.69 所示。

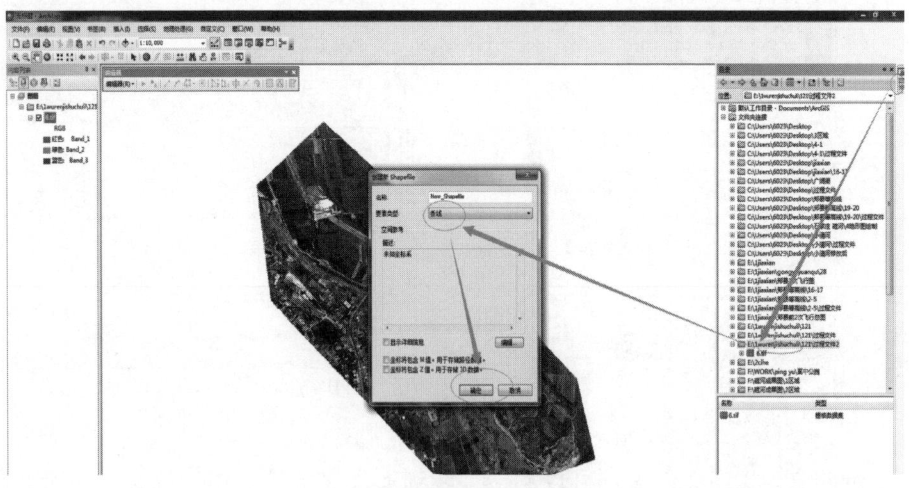

图 3.68 添加线元素程序

图 3.69 边界线绘制

第四步：导出数据。单击左侧的“6.tif”，右键单击“数据”选择“导出数据”，选择 JPG 格式，导出设置如图 3.70 所示。

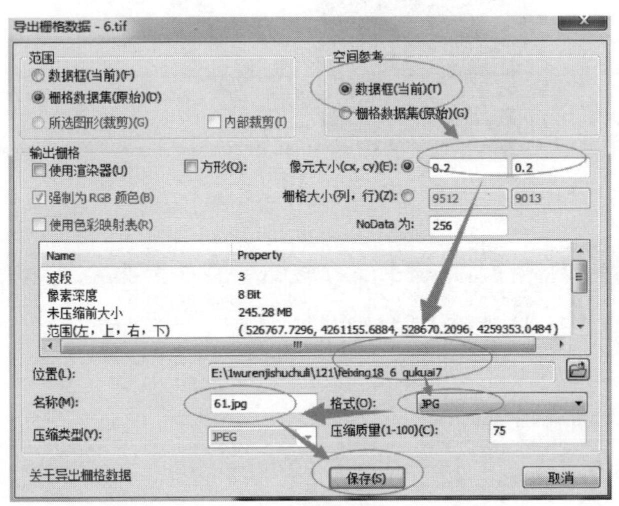

图 3.70 导出数据

导出之后，会形成一个 JPG 格式的文件，关闭界面，保存对无标题的修改，并保存在过程文件夹里，此软件运行完全结束。

3.4.4 Cloud Compare 点云抽稀

Cloud Compare 是一种三维点云和三角形网格处理工具。它包括许多先进的算法，用于重采样、颜色或者规范标量字段处理、统计计算、传感器管理、交互式或自动分割、显示增强等。

第一步：打开 Cloud Compare，单击最左侧的“打开”，在弹出界面中打开所需要的 . laz 格式的文件。在下一个界面中单击“Apply”，会弹出坐标显示的界面，在“Shift”中把多有的值都改为 0，单击“Yes”，如图 3.71 和图 3.72 所示。

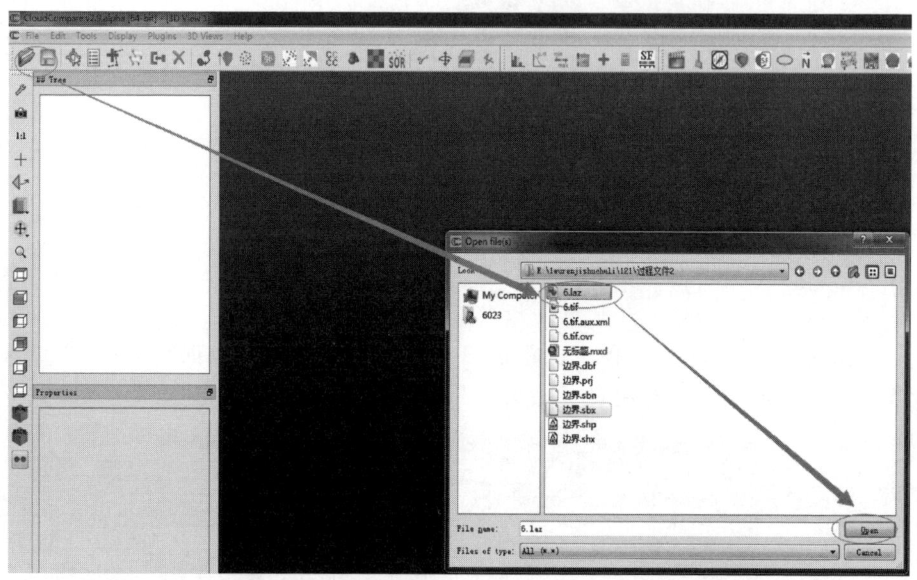

图 3.71 打开文件

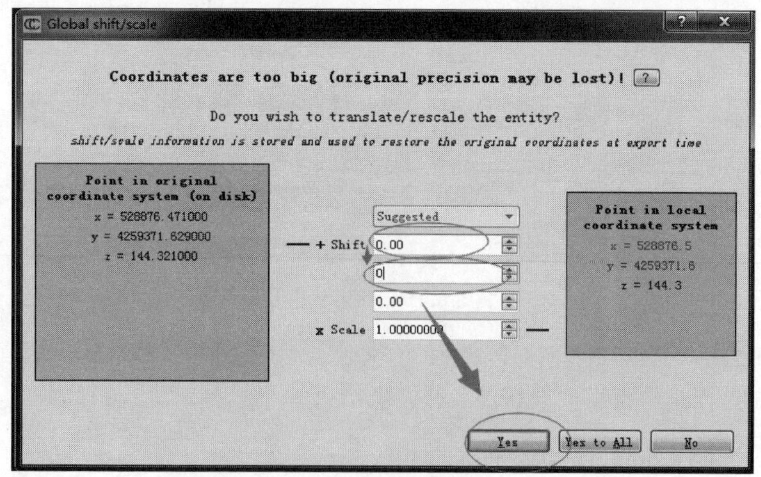

图 3.72 设置原点

第二步：如同第一步，打开所需要的.shp 格式的文件。如图 3.73 所示，把“Shift”中的值全部改成 0，单击“Yes”。

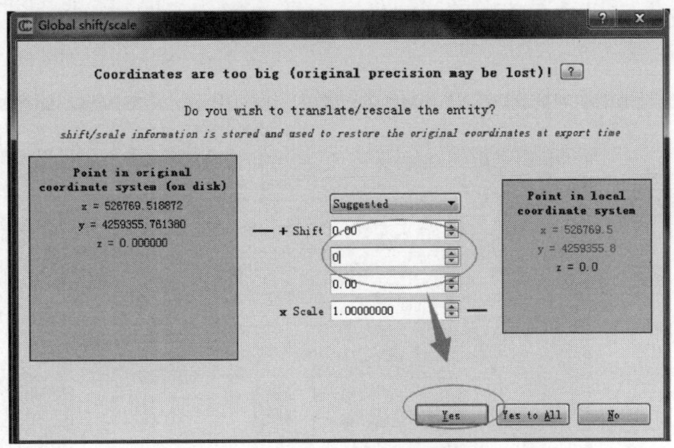

图 3.73　设置.shp 格式文件

第三步：选中上一步骤形成的.laz 文件，单击上方菜单栏中的“Segment”，在右侧上方会弹出相应的菜单栏，选择第二项，并单击“Use existing polyline”。接着弹出选择抽稀的界面，单击 Polyline ＃1（ID＝8）→OK。多段线设置如图 3.74 和图 3.75 所示。

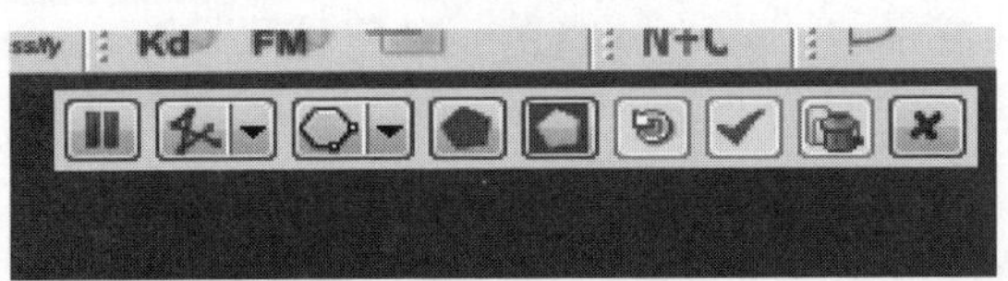

图 3.74　选择多段线

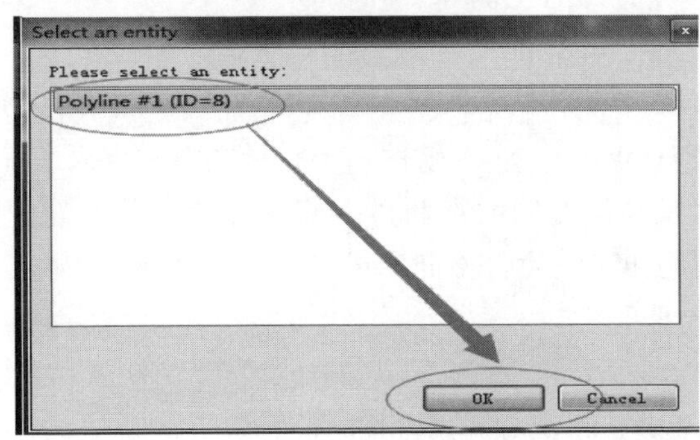

图 3.75　设置多段线

第四步：鼠标左键双击，单击图中的菜单栏的第四项，再单击倒数第三项。如图 3.76 左侧所示，共有两个文件。单击 .segmented 格式的文件，右键选择“Information”可以查看此图的详细信息，显示有 6331835 个点。接下来需要对这些点进行抽稀。

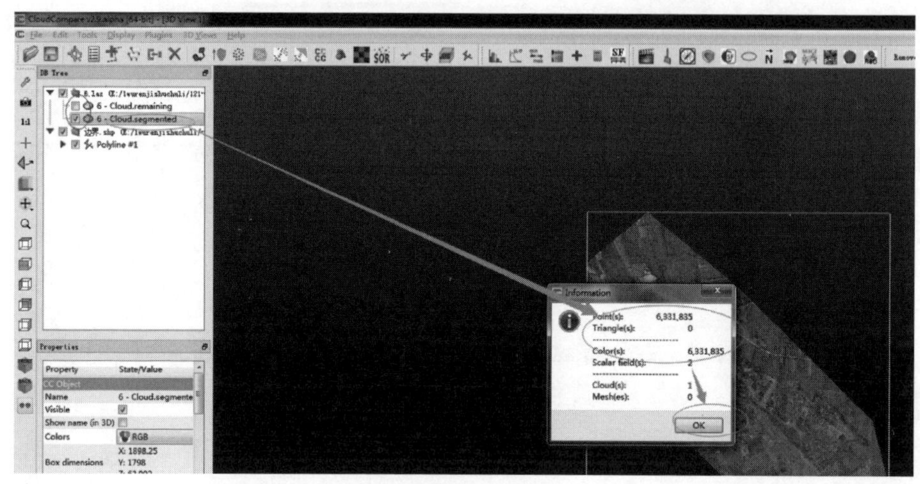

图 3.76　点云查看

第五步：由上步可知，点太多需要抽稀，所以单击菜单栏的 ，弹出抽稀界面。抽稀的方式有很多，random 指的是随意抽稀，Space 是指以一定的间隔成倍数的抽稀，octree 原意是指八叉树。进行一次一次的试验，直到结果为 2000 左右的点为止。为了保持整数，可以用 random 抽稀的方式。最终会形成抽稀后的点云结果。并把结果保存在过程文件夹里，在过程文件夹里新建一个 Excel 表，并把保存的点云 .TXT 文件导入此 Excel 表。由于只需要 N. E. Z 所以只保留前三列，后面几列全删除。在前面插入两列，第一列是序号列，从 1 到 2000，第二列空白。将文件另存为 .CSV 格式，保存在过程文件夹里。接下来将 .CSV 格式改成 .dat 格式。抽稀过程如图 3.77～图 3.79 所示。

第六步：打开 Global Mapper 软件，寻找最左下的点以及确定裁剪的地图的宽度。具体方法为找到最左侧的点和最下侧的点便能得出左下点，最右侧的点减去最左侧的点便得出了宽度，由此完成点云编辑的所有工作。

3.4.5　南方 CASS

南方 CASS 软件是广东南方数码科技股份有限公司基于 CAD 平台开发的一套集地形、地籍、空间数据建库、工程应用、土石方算量等功能为一体的软件系统。也是用户量最大、升级最快、服务最好的主流成图和土石方计算软件系统。

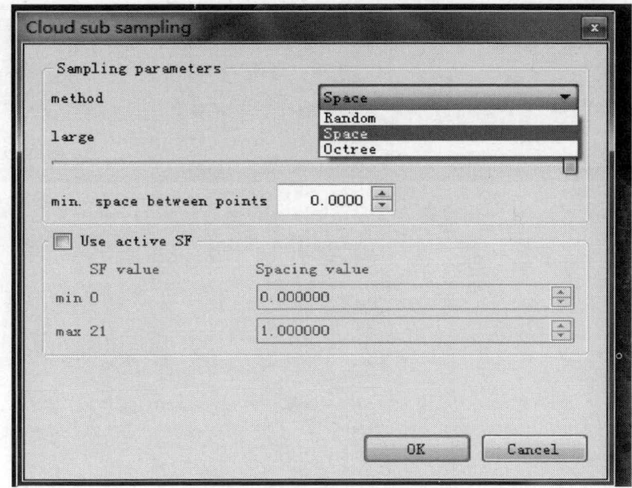

图 3.77　选择空间点

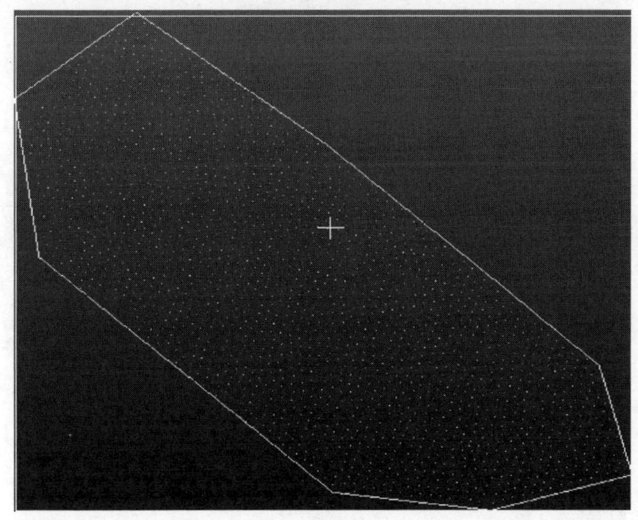

图 3.78　点云抽稀完成

本节主要是用到了南方 CASS 软件的工具、绘图处理、等高线、工程应用等功能。在工具栏中，主要进行画框和插入图像操作；在绘图处理栏中，主要进行展高程点；在等高线中主要是生成三角网和绘制等高线；在工程应用中主要进行高程点生成数据文件操作。

第一步：打开南方 CASS，插入需要编辑的文件，单击上侧菜单栏中的“工具”，选择“光栅图像”→“插入图像”，如图 3.80 所示。单击“附着”选择需要插入的图像。插入的是在 Global Mapper 中生成的 JPG 格式的文件。

	A	B	C	D	E	F	G	H
1	528667.6875	4259486	165.8379974	155	147	100	0	5
2	528620.75	4259472	158.9649963	89	85	74	21	3
3	528645.6875	4259486.5	145.1100006	82	78	76	0	5
4	528654.25	4259515	149.6419983	94	94	89	0	5
5	528618.1875	4259499	145.4799957	88	85	81	0	5
6	528591	4259463	156.0119934	88	89	83	21	3
7	528564.5625	4259455	142.5010071	142	141	138	0	5
8	528589.5	4259489.5	141.852005	108	109	108	0	5
9	528627.125	4259528	144.5310059	88	88	88	0	5
10	528530.6875	4259445	142.0579987	127	120	117	0	5
11	528501.6875	4259437	142.2599945	187	184	182	0	5
12	528540.75	4259473.5	142.4340057	174	171	166	0	5
13	528651.6875	4259543	160.1580048	117	118	98	21	3
14	528560.125	4259496.5	142.4579926	178	176	171	0	5
15	528595.8125	4259519	144.7019959	100	100	96	0	5
16	528613.6875	4259555	145.4329987	134	127	120	0	5
17	528641.625	4259567	144.9049988	123	121	115	0	5
18	528441.75	4259418.5	141.9140015	54	64	72	0	5
19	528472.25	4259427.5	141.5549927	47	60	66	0	5
20	528479.3125	4259457	142.3009949	100	97	89	0	5
21	528509.125	4259466.5	142.4389954	142	138	134	0	5
22	528529.9375	4259501.5	142.2940064	162	159	154	0	5
23	528566.4375	4259526	142.7749939	156	152	143	0	5
24	528577.25	4259552	153.7140045	86	80	76	0	5
25	528638.625	4259597	145.2279968	133	126	119	0	5
26	528611.0625	4259585	145.3639984	89	84	81	0	5
27	528381.8125	4259400.5	141.5149994	128	129	123	0	5
28	528411.9375	4259409.5	143.6329956	158	156	154	0	5
29	528449.9375	4259450	143.3540039	127	123	119	0	5
30	528420.125	4259439.5	143.9250031	141	137	131	0	5
31	528486.375	4259486.5	142.4620056	129	124	119	0	5
32	528522.875	4259531	142.5769959	130	125	120	0	5
33	528497.5625	4259514.5	142.2640076	107	103	96	0	5
34	528621.875	4259622	144.7400055	127	125	121	0	5
35	528581.3125	4259589.5	145.4810028	117	116	114	0	5
36	528548.9375	4259550.5	142.6089935	138	134	128	0	5
37	528351.6875	4259391.5	141.6950073	113	115	110	0	5
38	528389.25	4259429.5	144.0729981	157	157	156	0	5
39	528456.625	4259482	142.3639984	107	101	92	0	5
40	528426.5	4259469	142.1269989	100	98	97	0	5

图 3.79　保存点云数据

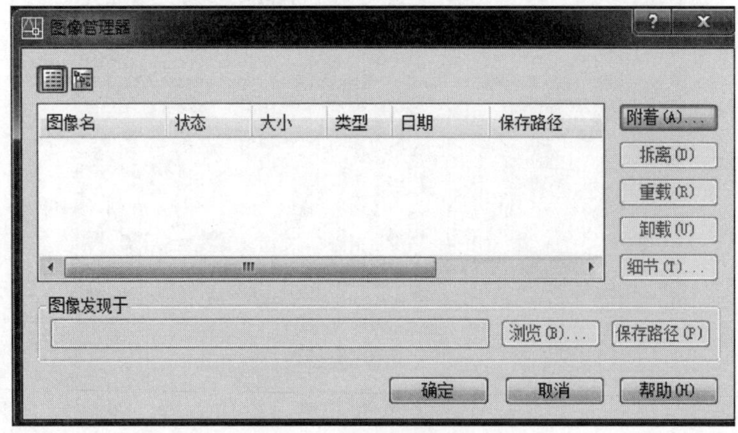

图 3.80　图像管理器

在 Global Mapper 中已经确定左下角的点和图像的宽度，因此输入左下角的点，再输入比例，比例即图像的宽度。如果输入完毕没有找到插入的图像，在左下角输入指令处输入“z”按“enter”之后再输入“a”按“enter”进行画面重新调整定义，这样就能找到插入的图像了。插入图像的结果如图 3.81 所示。

图 3.81　插入图像的结果

第二步：需要对插入的图像画一个封闭的复合线，便于建立三角形网。单击“工具”栏中的“画多边形”→“边长”，设置边为 4，然后选择第一个点，再选择第二个点确定整个矩形，本书选择的第一个捕捉点为左下角，第二个捕捉点为右下角，形成了如图 3.82 所示的界面。

图 3.82　框选图像界面

第三步：展高程点，导入之前生成的 . dat 格式的文件，完成此步骤，才能进行等高线的绘制，单击“绘图处理”→“展高程点”，导入高程点如图 3.83 所示界面，按照此图操作，完成高程点的插入。

图 3.83 导入高程点

其中注记高程点的距离本书选择 30m，比例尺为 1∶2000，结果如图 3.84 所示。

图 3.84 高程点导入结果

接下来开始修高程点，目的是把房屋、树木和一些高程相差太大的点删除掉，以免等高线误差过大。修完高程点之后，单击右侧功能栏中的绘图工具把河道轮廓绘制清楚。

第四步：在建立了封闭复合线之后，开始建立三角网，只有建立三角网才

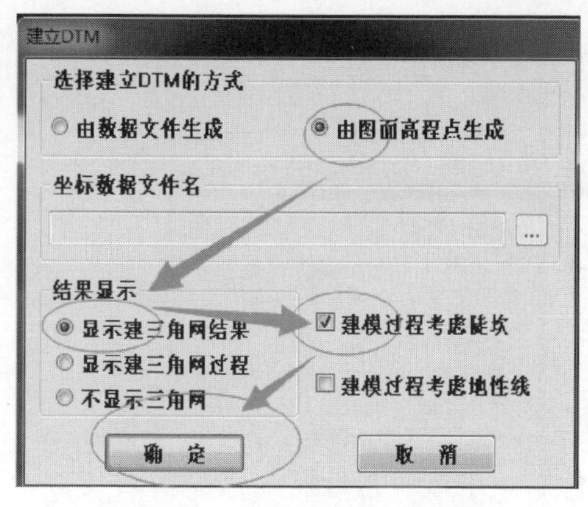

图 3.85　建立 DTM 选项卡

能进一步画等高线，单击“等高线”→“建立 DTM”，接着选择“选取高程点的范围”确定之后“选取建模区域边界”形成无数三角形，在此基础上单击“等高线”→“绘制等高线”完成等高线的绘制，如图 3.85 和图 3.86 所示。等高线绘制完毕，开始绘制断面图。

第五步：绘制纵断面图，首先在图像中画复合线，把河道轮廓描述出来，然后再绘制断面图。单击“工具”栏中的“画复合线”进行轮廓描画，然后按照需要对河道轮廓尽量等分，然后单击“工程应用”中的“绘断面图”，单击“根据已知文件”然后按需选择需要绘制断面图的线。采取样点的距离为 20m，文件名设置为区域生成的 .dat。在弹出的界面中的断面图的横向比例选择 1∶2000，并且单击最右的断面图位置的“…”进行选择断面图的坐标方位，单击确定，生成断面图。如图 3.87～图 3.89 所示，可以对其进行命名(左边工具栏中有“注”，可以命名，但是需要注意文字大小)。

图 3.86　生成等高线

第六步：生成横断面图，上步骤描述了如何进行纵断面图的生成，此步骤将描述怎样生横断面图。生成里程文件，单击“工程应用”中的“生成里程文

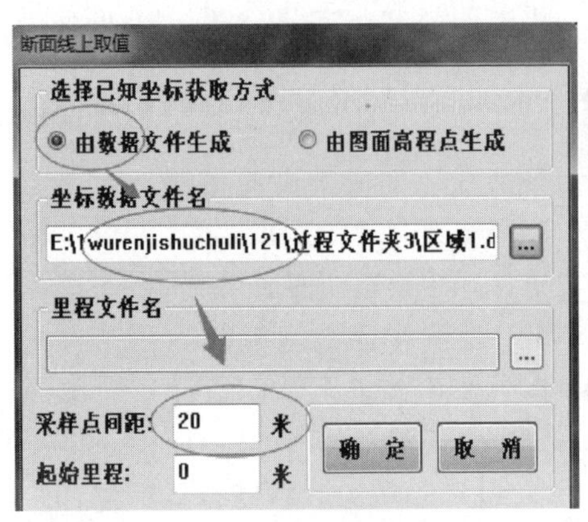

图 3.87　断面线设置

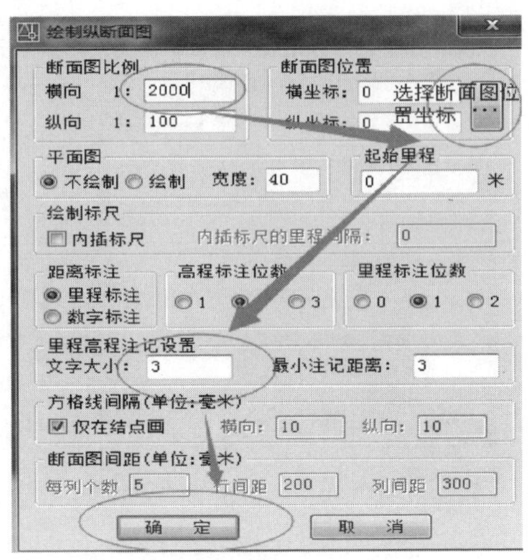

图 3.88　选择断面线放置位置

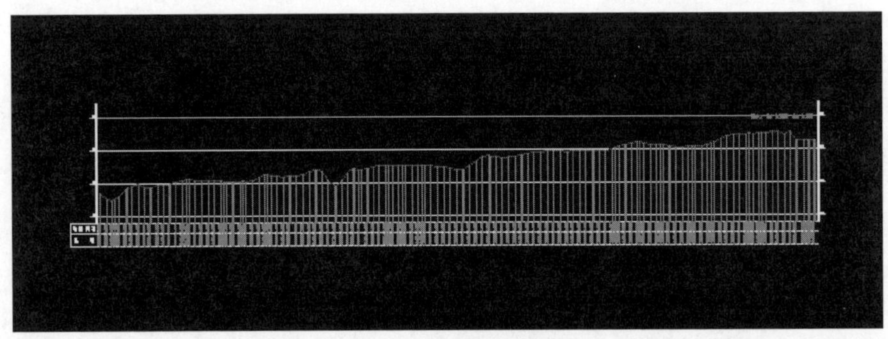

图 3.89　纵断面生成

件”并选择“右纵断面线生成”，并且新建。按需选择纵断面线并对其进行等分，如图 3.90 所示（可以删除一些已经出了图像界面的横断面等分线）。

单击“工程应用”中的“生成里程文件”并选择“右纵断面线生成”，并且选择“生成”，选择需要生成横断面图的纵断面线，在弹出的界面中设置高程点数据文件名（为区域高程点文件）、生成的里程文件名（为新建断面图文件夹里面重新命名的里程文件）、里程文件对应的数据文件名（为新建文件夹里面重新命名的里程文件数据）、断面线插值间距。

单击“工程应用”中的“绘制断面图”→“根据里程文件”（里程文件为前面生成的 .hdm 格式的文件），在此可以设置横断面图的坐标方位、几列、列间距和行间距。采取 4 列，行间距为 500，列间距为 1000，生成横断面图的结果图以及细部图如图 3.91～图 3.93 所示。

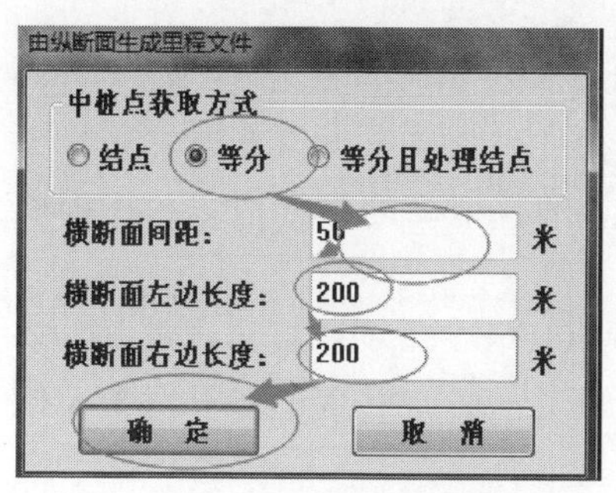

图 3.90 横断面设置

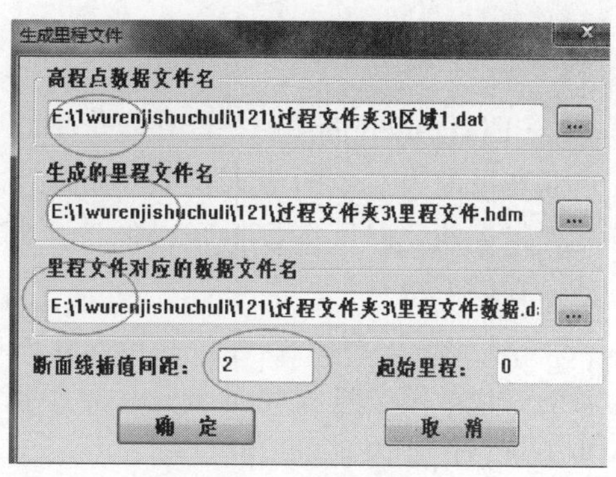

图 3.91 生成里程文件

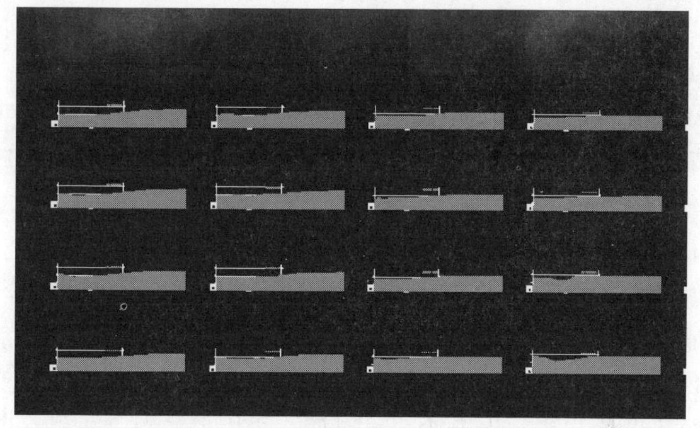

图 3.92 根据里程文件生成横断面

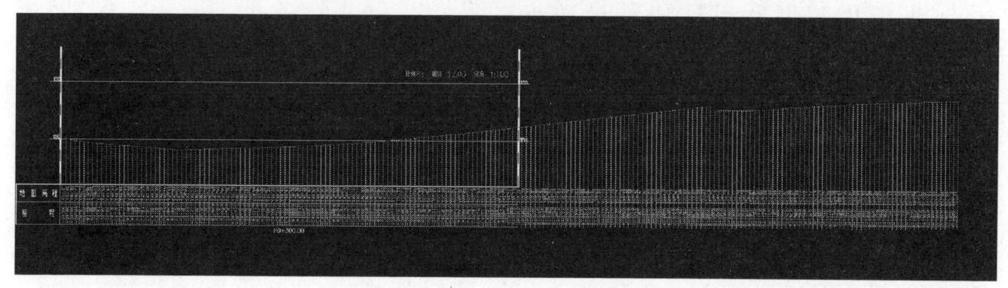

图 3.93 横断面图

此步骤结束，就完成了等高线的导入，等高线的绘制，横断面图的绘制和纵断面图的绘制，满足航测基本要求。后续工程设计方向需要进行地形地物信息、计算土方量信息等都可在此成果基础上通过相应软件进行进一步处理，得到所需要的产品。

3.4.6 PIX4D mapper

PIX4D mapper 软件是由瑞士 PIX4D 公司研发，是一款集全自动、快速、专业高精度为一体的无人机数据和航空影像数据处理软件，无需专业知识，无需人工干预，即可将数千张影像快速制作成专业的、精确的二维地图和三维模型，有以下特点：

（1）无需人为干预即可获得专业的精度。PIX4D mapper 让摄影测量进入全新的时代，整个过程完全自动化，不需要专业知识，精度更高，真正使无人机变为新一代业内测量工具。

（2）完善的工作流。PIX4D mapper 把原始航空影像变为用户所需的 DOM、DSM 和三维模型数据，成果输出多种格式，适用于各种应用行业和软件。

（3）自动获取相机参数。自动从影像 EXIF 中上读取相机的基本参数，例如相机型号、焦距、像主点等；智能识别自定义相机参数，节省时间。

（4）自动生成精度报告。PIX4D mapper 自动生成精度报告，可以快速和正确地评估结果的质量；显示处理完成的百分比，以及正射镶嵌和 DEM 的预览结果提供了详细的、定量化的自动空三、区域网平差和地面控制点的精度。

PIX4D mapper 具体操作步骤如下所述。

1. 前期准备

准备好原始照片影像、POS 数据以及控制点数据（使用大疆等无人机进行图像采集时，原始照片中自带 POS 等数据，可忽略）。检查数据完整性，重点检查相片号与经纬度等主要数据是否一一对应，否则要及时地手动调整。

在进行空三过程中，POS 数据只保留相片名（编号）、经度、纬度与高度即可，标准 POS 数据格式如图 3.94 所示。

相片名	经度	纬度	高度
DSC08671	36.01762	114.082	645.5
DSC08672	36.0178	114.0832	646.46
DSC08673	36.01795	114.0842	646.44
DSC08674	36.01811	114.0853	649.63
DSC08675	36.01828	114.0866	648.48
DSC08676	36.01846	114.0877	649.53
DSC08677	36.01862	114.0888	649.94
DSC08678	36.01877	114.0899	647.8
DSC08679	36.01894	114.091	646.94
DSC08680	36.01911	114.0923	647.87

图 3.94　标准 POS 数据格式

（1）原始数据与后期数据最好放在两个盘中，以免影响加载速度。

（2）控制点文件类型可以是 .txt 和 .csv，但应注意控制点名字中不能包含特殊字符。

（3）图片格式最好为 .JPG。

2. 新建项目

打开 PIX4D mapper，开始界面如图 3.95 所示；进行项目创建，单击新项目，出现图 3.96 界面；用户根据自身需求，完善项目名称（名称中不要包含中文）和项目存储路径；单击 Next 完成新建项目。

3. 添加图像

具体操作步骤及注意事项如下：

图 3.95　开始界面

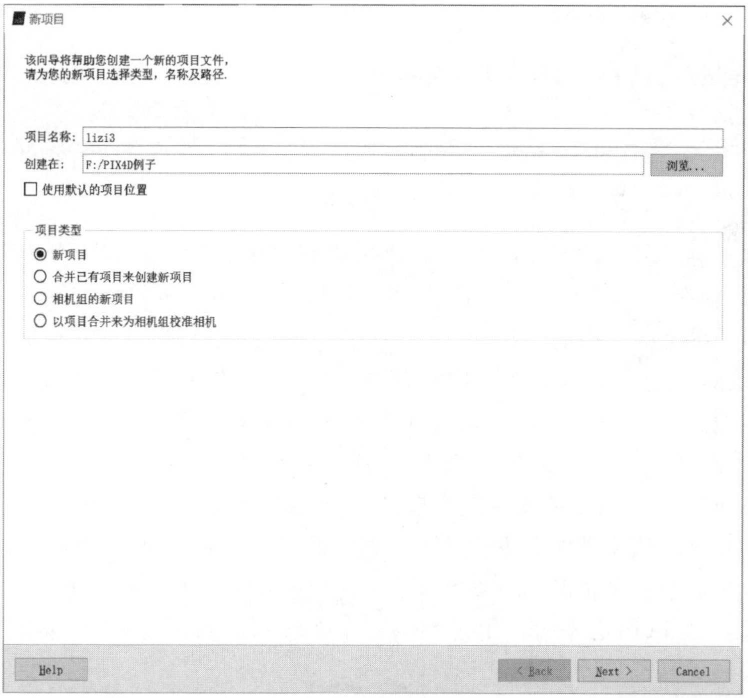

新项目

该向导将帮助您创建一个新的项目文件，
请为您的新项目选择类型，名称及路径.

项目名称：lizi3

创建在：F:/PIX4D例子　浏览...

☐ 使用默认的项目位置

项目类型

◉ 新项目
○ 合并已有项目来创建新项目
○ 相机组的新项目
○ 以项目合并来为相机组校准相机

Help　< Back　Next >　Cancel

图 3.96　项目建立

(1) 单击添加图像，选择需要导入的图片影像。

(2) 单击 Next，进入图片属性界面，图片属性如图 3.97 所示，关于具体功能的解释如下：

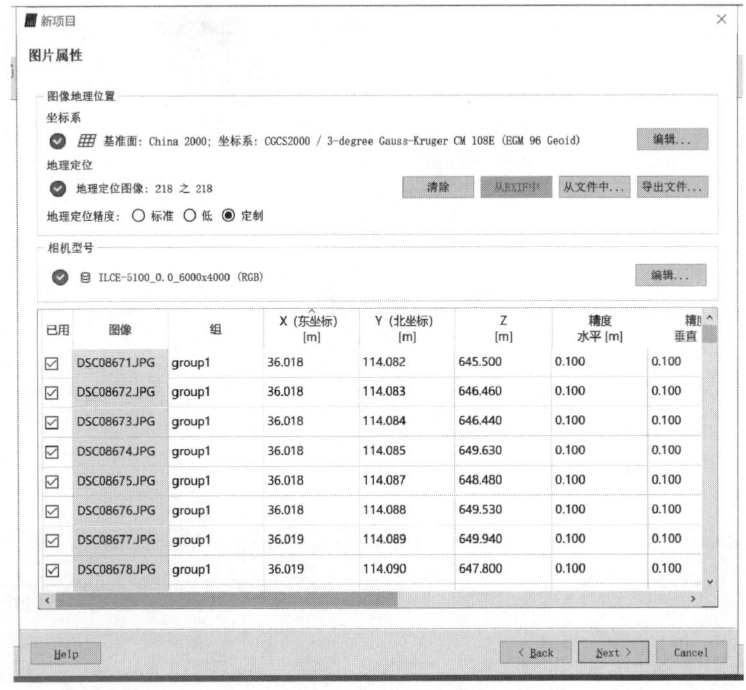

图 3.97 图片属性

a. 图像坐标系。默认 WGS 84，也可以在“编辑”选项框中勾选“高级坐标系选项”，在“从列表…”中根据自身项目的需要选择基准面与坐标系，相同的点在不同的坐标系中的经纬度是不同的，一般采用北京 54（采用的是克拉索夫斯基椭球）、西安 80（采用的是 1975 国际椭球）或 WGS 84（椭球采用国际大地测量与地球物理联合会第十七届大会测量常用数推荐值），图像坐标系如图 3.98 所示。

b. 地理定位。用来从文件夹中选择 POS 数据并导入，POS 数据与图像分离时，需要单击“从文件中”进行导入数据（若相片自带数据可忽略此步骤），单击右键批量修改水平精度与垂直精度为 0.1，数据导入如图 3.99 所示。

c. 若导入 POS 数据时，出现如图 3.100 所示界面，请检查 POS 数据格式以及表格格式是否规范，并及时修改。

d. 相机型号。通常情况下，软件可以自行识别，无需修改。

(3) 单击 Next，进入输出坐标系界面，软件默认 WSG 84，可以按照项目

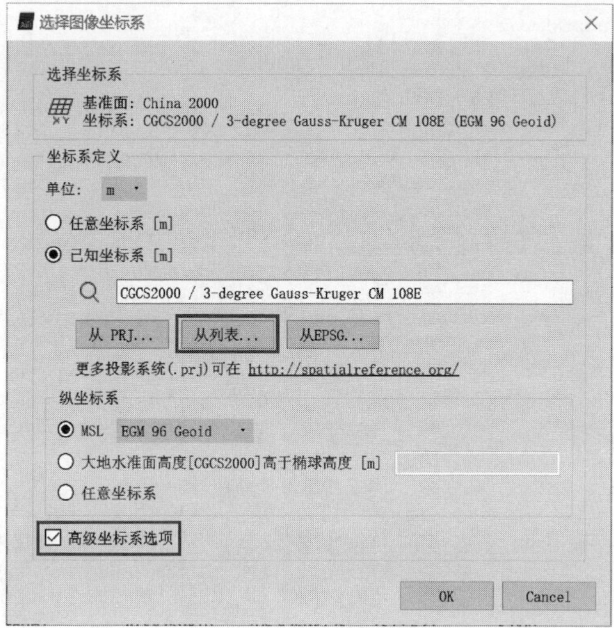

图 3.98 选择图像坐标系

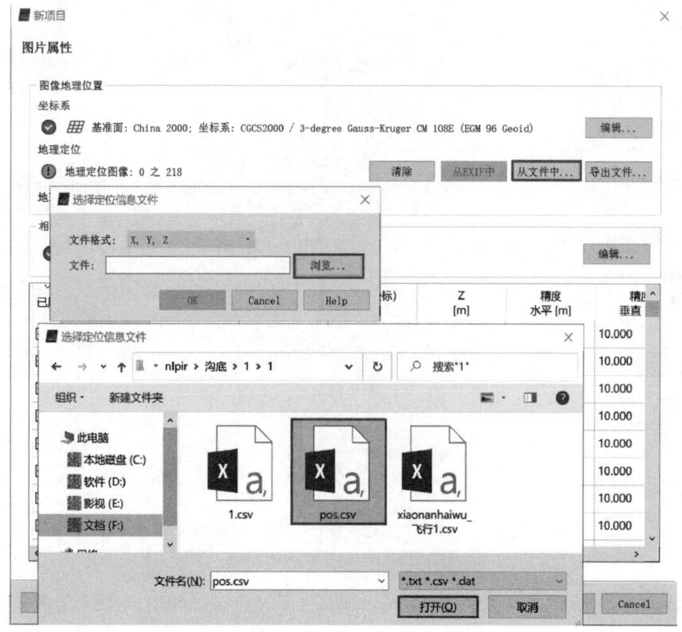

图 3.99 导入 POS 数据

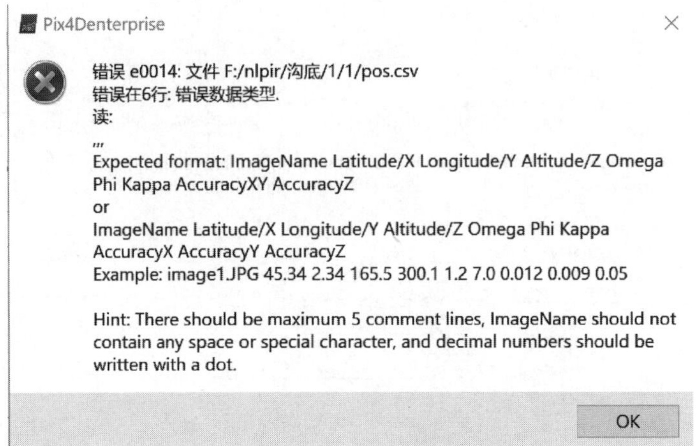

图 3.100　界面

所需选择相应的基准面与坐标系，与上步保持一致即可，输出坐标系界面如图 3.101 所示。

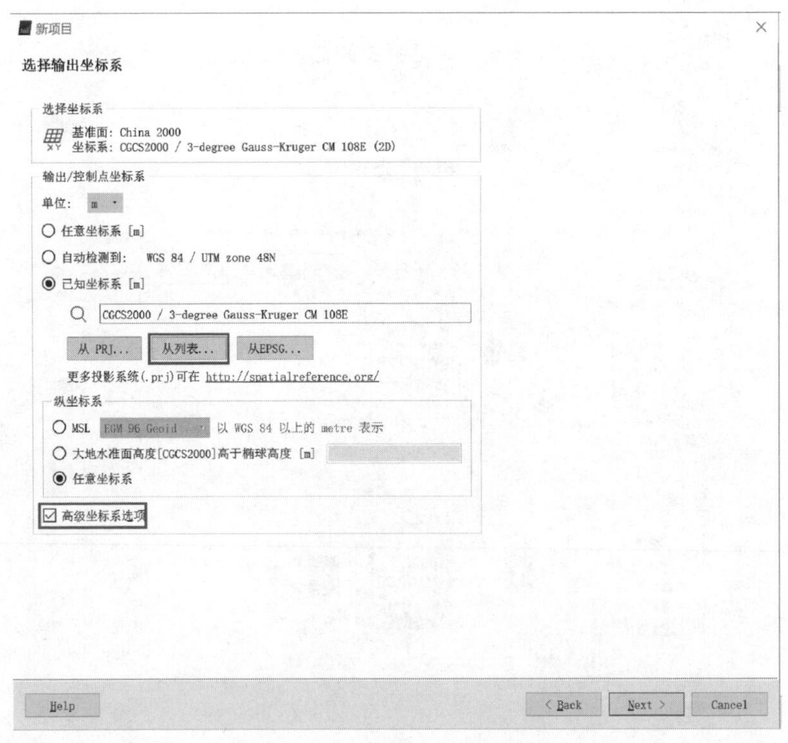

图 3.101　输出坐标系界面

(4) 单击 Next，进入模板选项界面，按照输出质量、处理速度以及主要用途等，将其分成三大类，可以根据项目要求进行选择，在此选择 3D Maps，选择完成后，单击 Finish 完成项目的创建，处理选项模板如图 3.102 所示。

图 3.102　处理选项模板

4. 初步处理

可以快速处理得到初步成果，并得到质量报告，为后期处理得到精确的模型提供前期支持，具体操作步骤及注意事项如下：

(1) 进入空三界面，界面如图 3.103 所示，界面主要功能解释如下：

a. 图像属性编辑器。用来处理 POS 数据。

b. GCP/MTP 管理。编辑像控点或者连接点。

c. 质量报告。显示飞行质量及图像处理的质量。

d. 打开结果文件夹。打开项目所在文件夹。

e. 重新优化。增强连接点准确性。

f. 重新匹配并优化。重新匹配连接点并增强准确性。

g. 全视图。查看区域内所有数据。

h. 聚焦所选。查看自选区域内的数据。

i. 俯视。俯视角度查看所得数据。

j. 修剪点云。对修剪完的点云数据进行确认。

图 3.103　空三界面

k. 编辑修剪箱。将创建的三维视图按需求进行裁剪。

（2）只勾选第一步“初始化处理”，单击开始进行第一次空三，本地处理界面如图 3.104 所示。特征点图像比例默认为“全面高精度处理”，由于第一次初始化处理只是为了对相关的参数进行查验，故可采取低精度快速得到处理结果，单击“定制”将图像比例设置为 1/8，单位像素设置越大，处理效果越好，与此同时加载时间越长，初始化处理界面如图 3.105 所示。

图 3.104　本地处理界面

（3）查看质量报告，质量报告片段如图 3.106 所示。重点查看 Dataset（数据集）和 Camera Optimization（相机参数优化质量）两项结论，具体要求如下：

a. 数据集。在初始处理过程中，系统会对所有影像进行匹配，保证所有或者大部分影像是否匹配，若不匹配原因可能为飞行时重叠度不够或者照片质量差。

b. 相机参数优化质量。参数不得超过 5%，否则原因可能为相机模组选择有误，可重新设置。

（4）检查空三点云以及相片排列是否有问题。

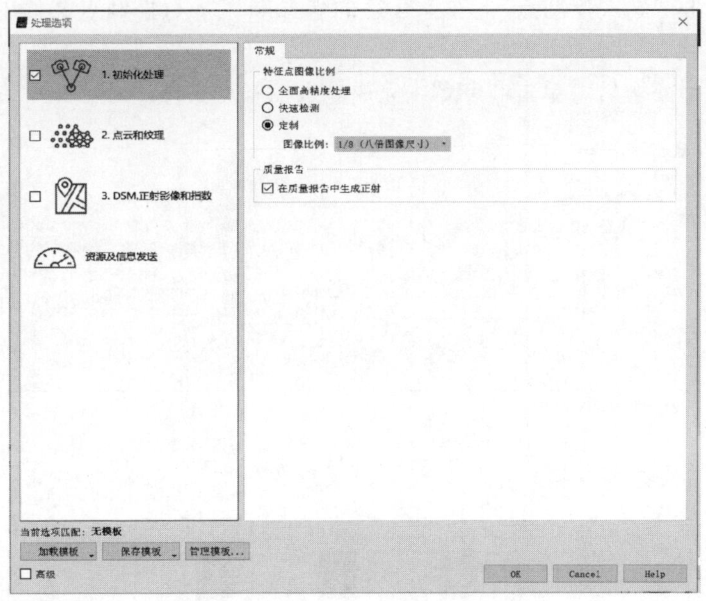

图 3.105　初始化处理界面

Quality Check

Images	median of 75915 keypoints per image	✔
Dataset	192 out of 194 images calibrated (98%), all images enabled, 2 blocks	⚠
Camera Optimization	1.02% relative difference between initial and optimized internal camera parameters	✔
Matching	median of 7856.57 matches per calibrated image	✔
Georeferencing	yes, no 3D GCP	⚠

图 3.106　质量报告片段

5. 刺像控

若拍摄图片中带有控制点等数据，此步骤省略，具体操作步骤及注意事项如下：

(1) 添加控制点。控制点必须在测区范围内合理分布，通常在测区四周以及中间都要有控制点。要完成模型的重建至少要有 3 个控制点，更多的控制点对精度也不会有明显的提升，另外在高程变化大的地方更多的控制点可以提高高程精度。控制点不要布设在太靠近测区边缘的位置，控制点最好能够在 5 张（至少 2 张）图像上能同时找到，导入控制点如图 3.107 所示，具体步骤如下：

a. 单击“GCP/MTP 管理”。

b. 单击“编辑”选择合适的坐标系。

c. 单击“导入控制点”，选择合适的坐标顺序（与控制点文件中的坐标顺序相同）。

d. 选择完毕后，单击“OK”，完成导入控制点文件。

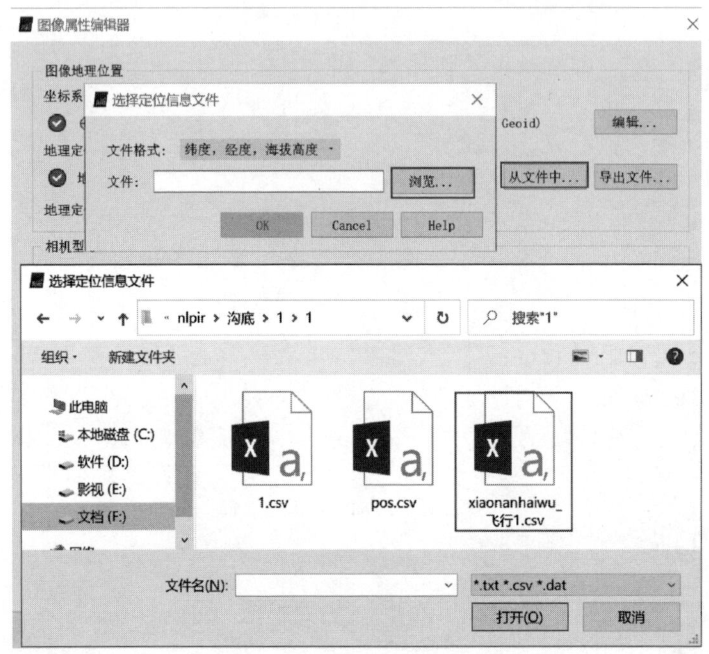

图 3.107 导入控制点

（2）刺像控。刺像控是正射出图最重要的步骤，所刺控点的精度直接影响最终的出图精度，一个控制点通常建议标注在 3～8 张（至少 2 张）图像上，主要有如下方法：

1）若在刺像控之前进行了第一次初始化处理，软件可根据数据预测控制点位置（即本书涉及的方式），日常使用过程中建议采取此种方法，具体步骤如下：

a. 单击图 3.108 所示界面的“空三射线编辑器”。

b. 根据像控点位置，选择右下角预测图片中的像控点。

c. 左键单击刺像控，按住左键移动照片，滚轮放大缩小，手动刺两张照片后会有更精确的绿色预测刺光标出现。

d. 将大部分像控点刺好后，再选择下一点进行相同的操作。

2）若刺像控操作之前未进行第一次初始化处理，可使用平面编辑器刺像控工作，刺点完成之后可一次性进行“初始化处理”“点云和纹理”以及“DSM，正射影像和指数”操作，但此方法需要在相片上逐个刺出控制点，较为烦琐，具体步骤如下：

a. 导入控制点文件，单击“平面编辑器”，如图 3.108 所示。

b. 在左侧图像列表中选中图像，在右侧图像的对应位置上，单击鼠标左键，确定控制点的位置，一个控制点最少要在两张图像上标出来，通常建议标注在 3～8 张图像上，如图 3.109 所示。

c. 单击“OK”完成本项操作。

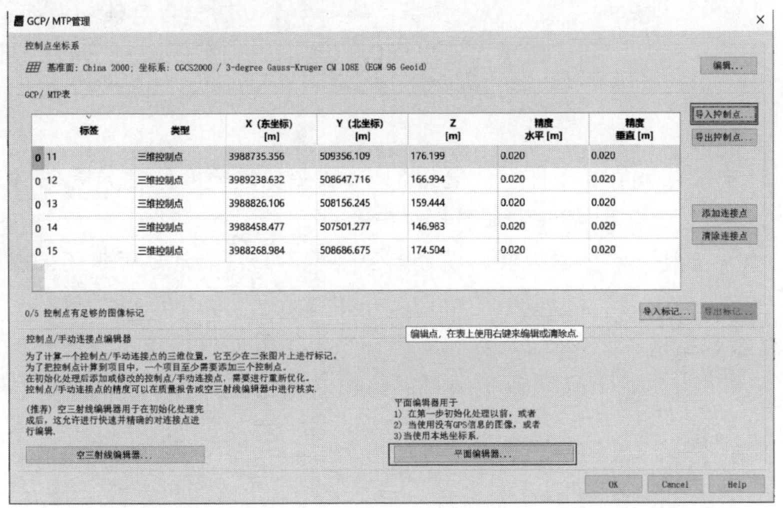

图 3.108　平面编辑器

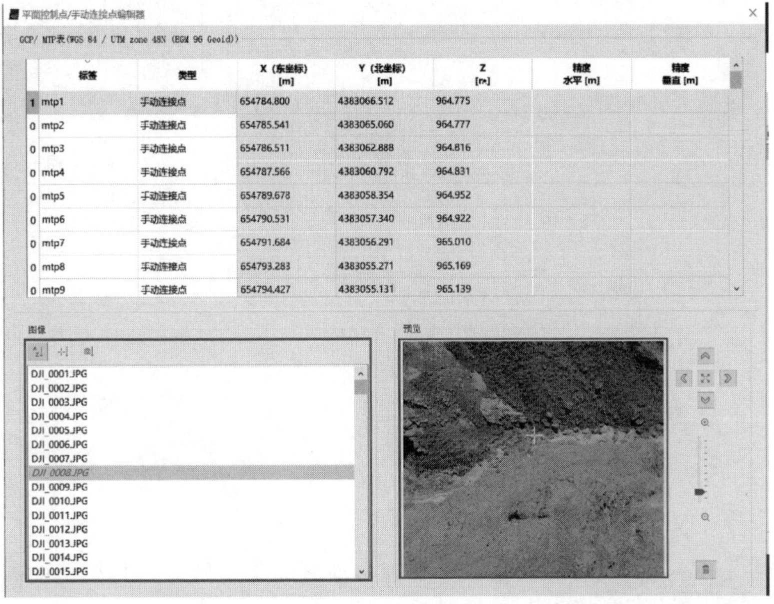

图 3.109　刺点

6. 输出项目

具体操作步骤如下：

(1) 勾选“点云和纹理”以及“DSM，正射影像和指数”。

(2) 单击左下角“处理选项”，根据需要进行更改。

(3)“点云和纹理”处理，主要进行点云的相关操作，若无此步骤，点云稀疏，进行点云处理后的模型，点云稠密，如图 3.110 所示，具体功能如下：

a. 图像比例。比例选择越大，生成的点越多，细节生成越多，但同时加载时间越长。

b. 点密度越高，加载越慢。

c. 匹配最低数值。软件默认值为 3；一般图像重叠度低时选择 2，但得到的点云质量较低；选 4 时点云质量会相应提升。

d. 点云分类。可根据需要，设置点云分类，但目前常规版本还未适用。

e. 导出。“LAS”为 LiDAR 格式文件；“LAZ”为 LAS 压缩文件；“PLY”为三维模型数据格式；“XYZ”为空间坐标（若不需要导出可不勾选）。

f. 三维网格纹理。无特别需要可不勾选，以免增加处理时长。

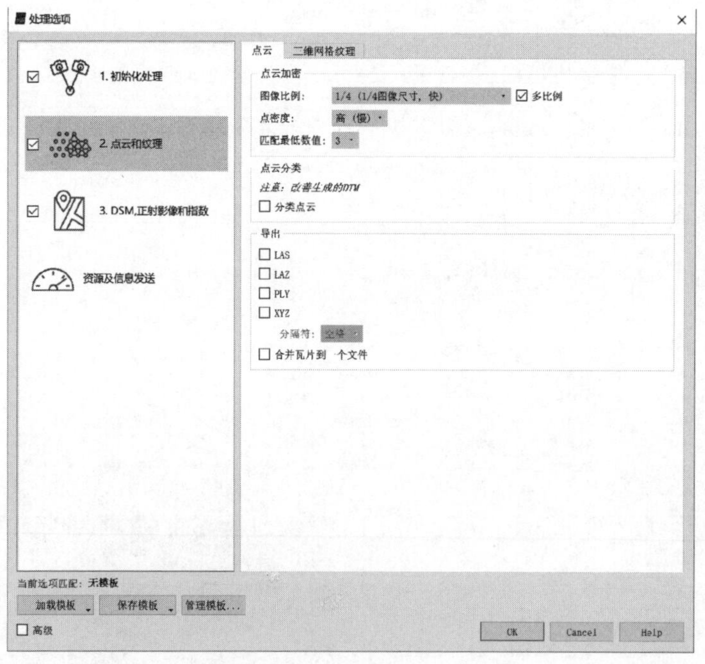

图 3.110　“点云和纹理”处理

(4)“DSM，正射影像和指数”处理，如图 3.111 所示，具体功能如下：

a. 分辨率。软件默认地面分辨率为 6.51031 厘米/像素。

b. DSM过滤。有“使用噪波过滤”和“使用平滑表面”两种，“尖锐”类型可以保留更多的转角和边缘；“平滑”类型可将整个表面更加光滑；“中等”类型介于两者之间。

c. GeoTIFF。可以将其保存为GEOTIFF文件，“合并瓦片”建议勾选，否则文件是分块的。

d. 谷歌地图瓦片和KML。勾选后生成的文件可以在谷歌中显示生成的图像。

图3.111 “DSM，正射影像和指数”处理

（5）单击“开始”，待软件运行结束，查看质量报告，注意事项如下：

在质量报告中重点关注区域空三误差，如图3.112所示，Mean reprojection error即空三中误差，以像素为单位。相机传感器上的像素大小通常为6μm，不同相机可能不一样，同时关注相机自检校误差，如图3.113所示，上下两个参数不能相差太大，且R1、R2、R3三个参数不能大于1，否则可能出现严重扭曲现象。

7. 输出视频动画

单击“创建”板块中的“新视频动画”，如图3.114所示。

软件进入“创建视频动画”界面，按需要选择航点，如图3.115所示。

单击“Next”，显示航点数量，无需操作，单击“Next”，如图3.116所示。

Bundle Block Adjustment Details

Number of 2D Keypoint Observations for Bundle Block Adjustment	2600989
Number of 3D Points for Bundle Block Adjustment	940331
Mean Reprojection Error [pixels]	0.284

图 3.112　区域空三误差

Internal Camera Parameters

FC6520_DJIMFT15mmF1.7ASPH_15.0_5280x3956 (RGB)(1). Sensor Dimensions: 17.500 [mm] x 13.112 [mm]

EXIF ID: FC6520_DJIMFT15mmF1.7ASPH_15.0_5280x3956

	Focal Length	Principal Point x	Principal Point y	R1	R2	R3	T1	T2
Initial Values	4564.399 [pixel] 15.128 [mm]	2698.159 [pixel] 8.943 [mm]	1910.765 [pixel] 6.333 [mm]	-0.004	-0.043	0.087	-0.003	0.004
Optimized Values	4995.424 [pixel] 16.557 [mm]	2650.463 [pixel] 8.785 [mm]	1859.878 [pixel] 6.164 [mm]	-0.000	0.026	-0.049	0.002	0.001
Uncertainties (Sigma)	3.216 [pixel] 0.011 [mm]	0.393 [pixel] 0.001 [mm]	2.841 [pixel] 0.009 [mm]	0.001	0.003	0.005	0.000	0.000

图 3.113　相机自检校误差

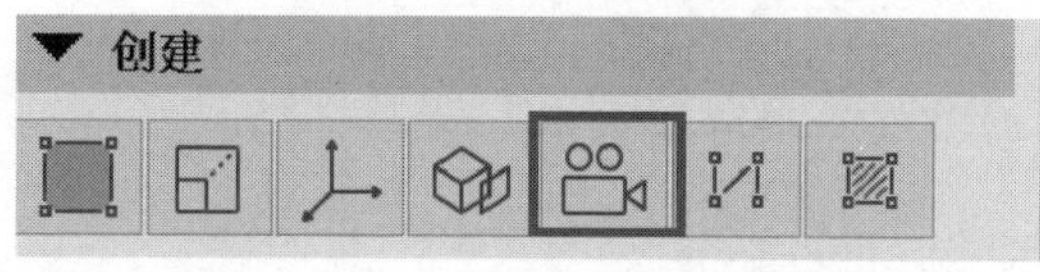

图 3.114　“创建”板块

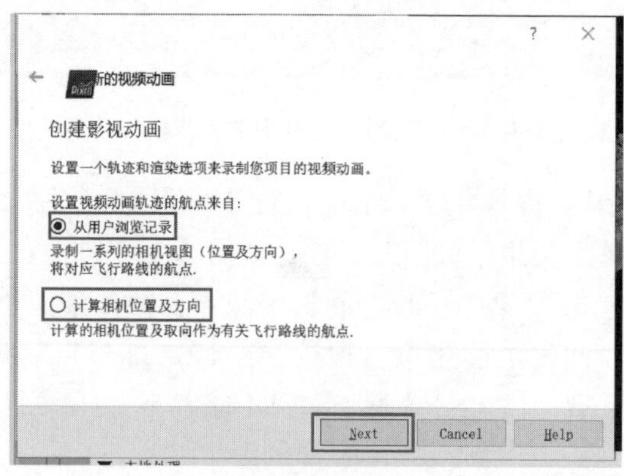

图 3.115　创建视频动画

按需设置持续时间、是否需要内插等，单击“Finish”完成创建，如图 3.117 所示。

新的视频动画
计算相机位置及方向
计算的相机位置及取向已添加为飞行路线的航点
，点击下一步继续.
航点数量：229
Next
Cancel
Help

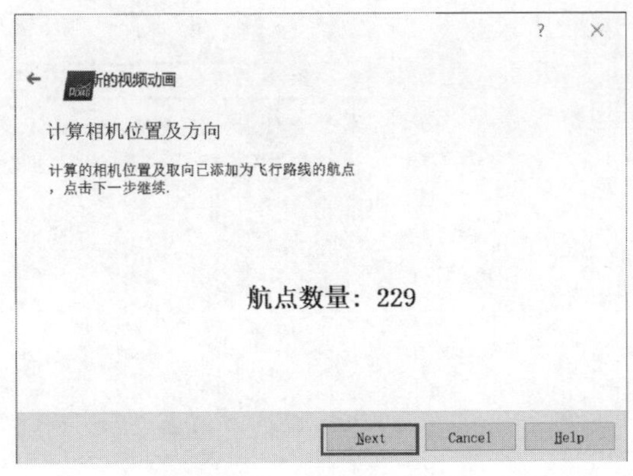

图 3.116　航点数量

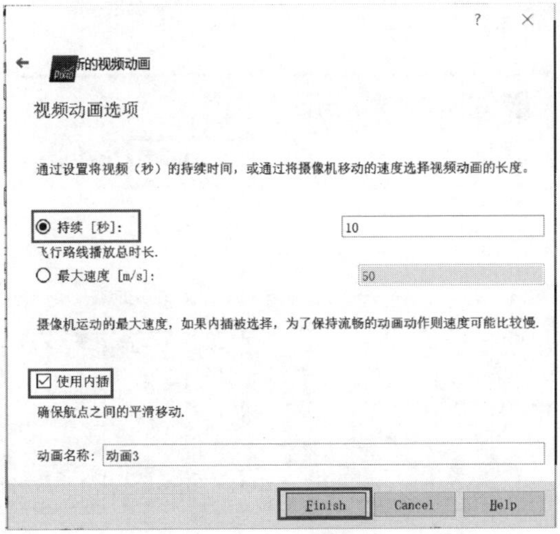

新的视频动画
视频动画选项
通过设置将视频（秒）的持续时间，或通过将摄像机移动的速度选择视频动画的长度。
持续 [秒]:
10
飞行路线播放总时长.
最大速度 [m/s]:
50
摄像机运动的最大速度，如果内插被选择，为了保持流畅的动画动作则速度可能比较慢.
使用内插
确保航点之间的平滑移动.
动画名称：
动画3
Finish
Cancel
Help

图 3.117　完成动画创建

在右侧“视频呈现”板块中选择文件存放的位置，其余设置无误后，单击“导出”，待软件运行完毕之后，在相应文件夹中找到视频动画，如图 3.118 所示。

8. 区域输出成果

软件可以只对测区某个范围生成点云和正射影像，具体操作步骤如下：

（1）进入地图视图界面，单击界面上方菜单栏中的“地图视图”，在下拉列表中选择“绘制”，地图视图如图 3.119 所示。

（2）单击鼠标左键开始绘制，移动鼠标画出一条线，继续移动会出现一个多边形，单击鼠标右键停止操作，多边形会自动形成，绘制区域如图 3.120 所示。

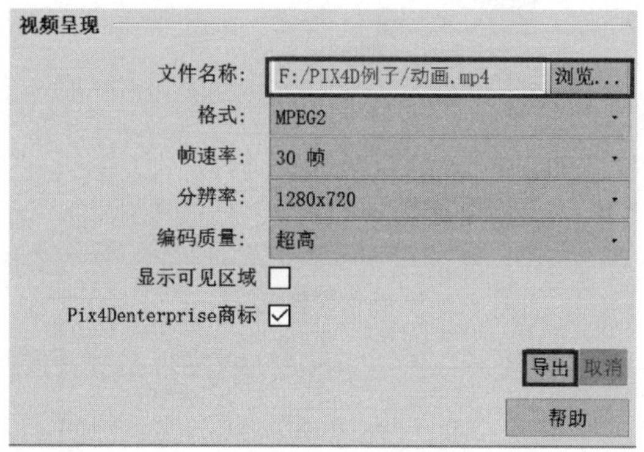

图 3.118　动画导出

(3) 进入“空三射线”界面，单击功能栏中的“编辑加密的点云”，即可完成区域输出成果，处理结果如图 3.121 所示。

图 3.119　地图视图

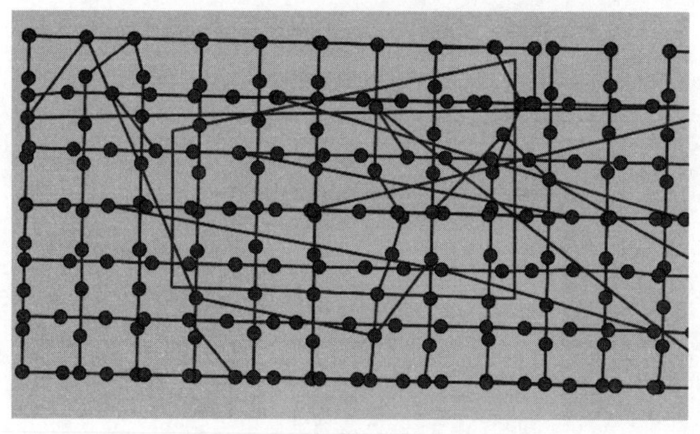

图 3.120　绘制区域

9. 镶嵌图编辑器

PIX4D mapper 提供镶嵌图编辑器，用于改善正射影像效果，可以从多幅影像中选择最佳内容来消除移动物体或瑕疵，具体操作步骤如下：

(1) 单击界面右侧“区域”板块中的“绘制”功能键。

(2) 在需要处理的物体周围单击鼠标左键进行标点（标点过程之中出现错

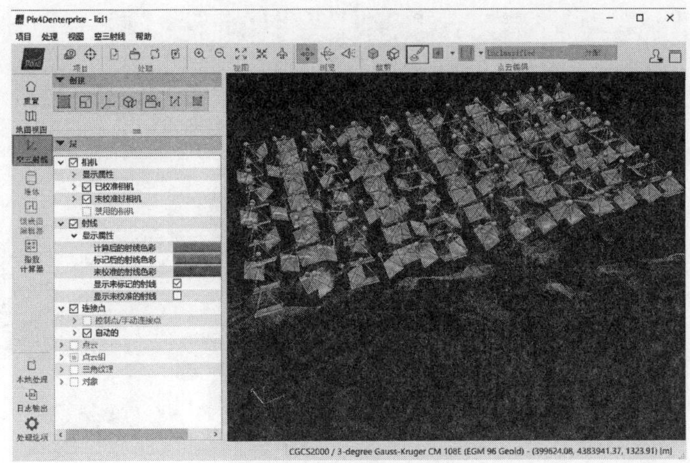

图 3.121　处理结果

误时，可单击“绘制”重新操作），单击右键标记最后一个点，至此处理区域绘制完毕，如图 3.122 所示。

图 3.122　绘制区域

查看右侧“图像”板块中的照片，根据需要单击选择需要的区域图像（此处，选择将区域内物体移除，故选择空地图像），选择完毕后如图 3.123 所示。

按上述步骤依次处理需要移除的物体，待全部完成并检查无误后，单击“导出”区块中的“保存”按键，如图 3.124 所示。

10. 体积计算

体积计算是 PIX4D mapper 软件中最基本也是极为重要的功能，在建筑、地质、矿业等领域都有着广泛的应用，采用软件计算体积更加简洁且准确，具体操作步骤如下：

(1) 单击“堆体”，进入堆体编辑界面。

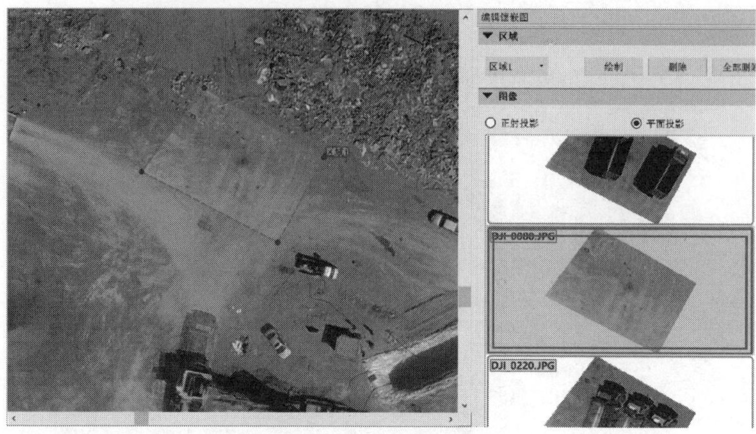

图 3.123 移除物体

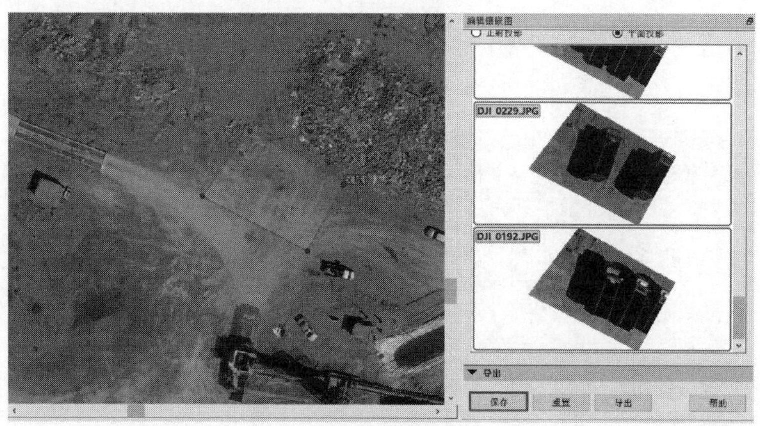

图 3.124 保存操作

(2) 单击对象框中的“新堆体”按键，如图 3.125 所示。

图 3.125 新堆体

(3) 在三维视图中，可以看到鼠标旁出现绿色原点，单击鼠标左键，在需要测量的堆体周围依次标点，单击右键，标出最后一个顶点，结束基准面的勾画，如图 3.126 所示。

(4) 根据项目实际需要单击“设置”，选择基准面的计算方式，图 3.127 所示；最后单击“计算”，如图 3.128 所示，完成堆体体积计算，相应堆体的挖方量、填方量、总体积、误差等信息会显示在软件中。

关于基准面计算方式的选择如下：

1）三角测量（默认选项）。当选定堆体的全部边界完全可见特别是当堆体周围的地形不平坦时，可选择此项。

2）切合平面。当选定堆体的全部边界可见，并且基准面是坚硬表面，坡面或具有同一高度的平面时，可选择此项。

3）与平均海拔高度对齐。基准面平行于经纬面，海拔高度为所有顶点的平均海拔高度。

图 3.126　选定堆体

4）与最低点对齐。基准面平行于经纬面，海拔高度为所有顶点的最低海拔高度。

5）与最高点对齐。基准面平行于经纬面，海拔高度为所有顶点的最高海拔高度。

6）定制海拔。基准面平行于经纬面，海拔高度由用户自定义。

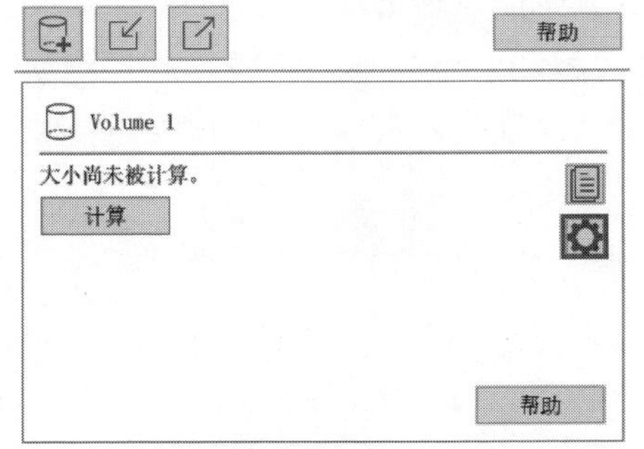

图 3.127　设置基准面

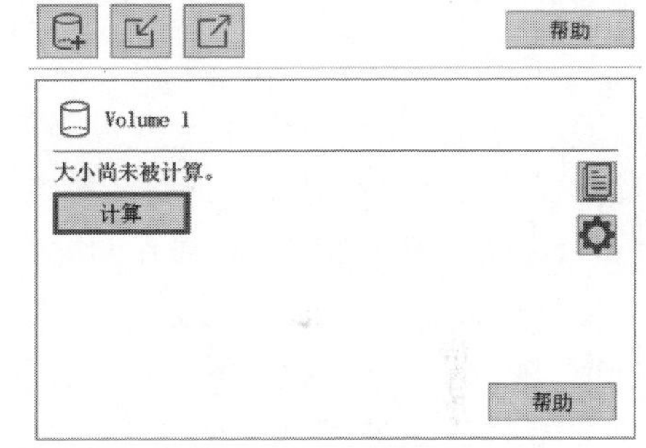

图 3.128　堆体计算

3.4.7　Context Capture

Context Capture是一款功能强大、专业也很强的三维实景建模软件，它的功能性就是帮助用户快速地创建一个或多个细节丰富的三维实景模型，用户只需将照片导入软件，再导入静态或移动激光扫描数据，将其与照片结合使用以获得超高精度的真实感网格物体，随后使用高保真成像工具来支持精确映射和工程设计，利用它几乎可以将任何格式和投影图像组合在一起，使用并显示非常大的地形模型，以提高大型数据集的投资回报率。以多种模式显示可缩放的地形模型，例如带有阴影的平滑阴影（纵横比、高程、坡度、轮廓线等），将地形模型与DGN文件、点云数据等源数据同步。除此之外，该软件可以通过渲染任何大小的快照来生成高分辨率的正射影像和透视图图像。使用输出标尺、比例尺和位置设置图像尺寸和比例，以实现准确地应用。本板块通过实践以及查阅相关资料，主要对 PIX4D mapper 与 Context Capture（原 Smart3D）的优缺点进行简单讨论，用户可根据自身需求进行选择。

（1）PIX4D mapper。

1）优点：①摄影数据处理专业化、自动化，精度高，操作简单；②图像处理过程自动化程度高，选择所需的功能后，单击“开始”软件即可自动处理；③可同时处理上万张影像数据，以及多种不同相机拍摄的影像数据等，能将多个数据源合并成一个工程进行处理；④操作界面简洁、清晰；⑤堆体面积计算简单、准确；处理速度快。

2）缺点：①用户对处理的影响有限，没有办法解决并调整中间结果；②地形模型质量生成有限，无法获取高质量的地形模型。

（2）Context Capture。

1）优点：①支持视频处理，从视频中提取照片；②生成模型质量较高；③可以拆分为子任务处理，处理大面积的建模任务；④能接受各种硬件采集的各种原始数据，并直接把这些数据还原成连续真实的三维模型。

2）缺点：①软件由主程序、Acute3D 查看器和引擎三部分组成，软件切换较为烦琐；②Acute3D Viewer 仅支持 3D 模型（并且仅显示）；③对于 POS 定位精度要求很高和相对较低成本的生产也加大了难度。

Context Capture 具体操作步骤如下：

（1）打开 Context Capture Center Master 软件，创建一个新工程，如图 3.129 所示。

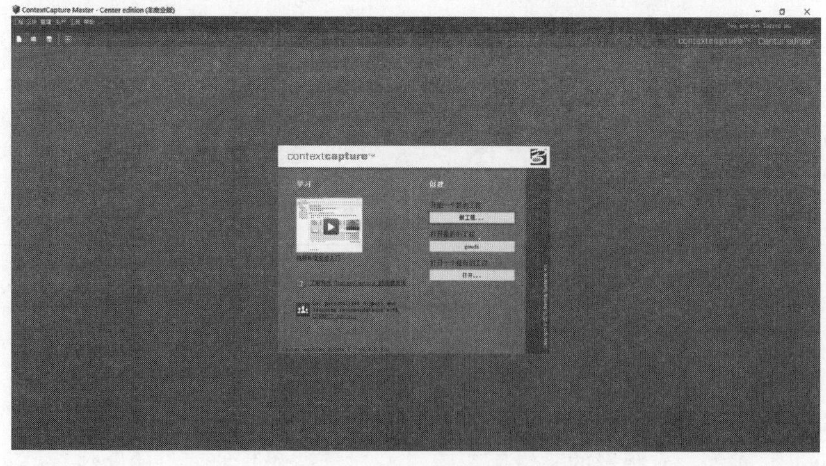

图 3.129 创建新工程

（2）新建工程后，工程名称需要使用英文填入，选择工程目录后单击 OK，如图 3.130 所示。

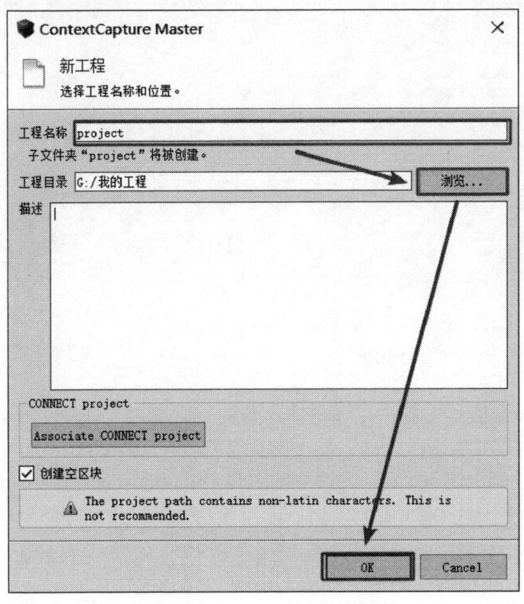

图 3.130 工程名称

（3）选择影像选项卡，单击添加影像，添加影像时可以单张相片添加（图 3.131）也可以添加相片文件夹（图 3.132），导入视频也可以进行解算。

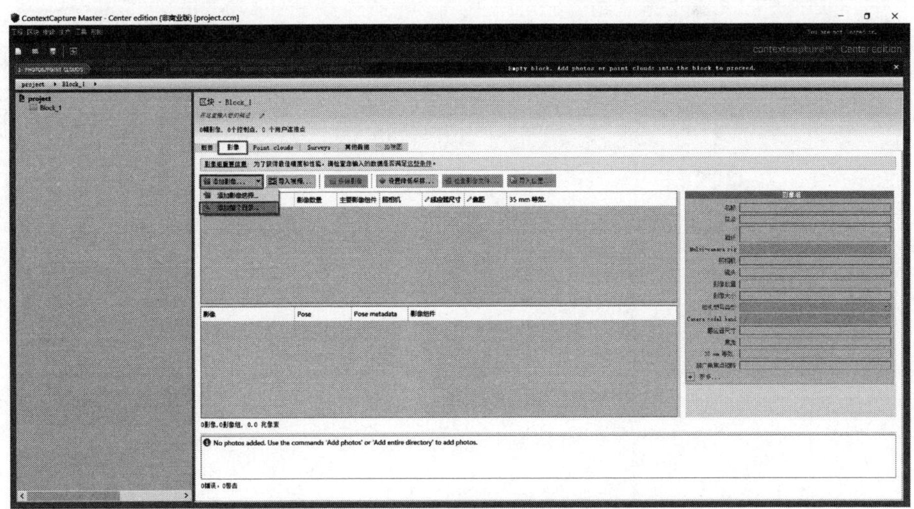

图 3.131 选择影像选项卡（单张）

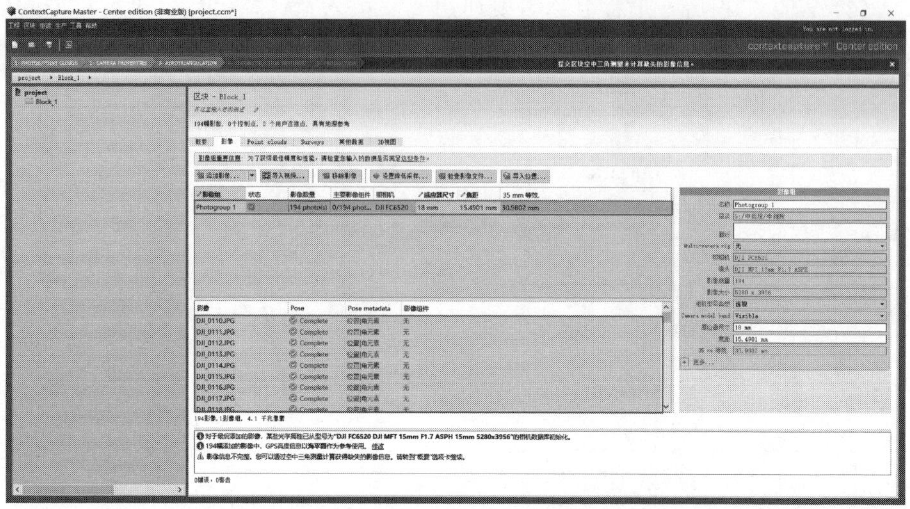

图 3.132　选择影像选项卡（文件夹）

（4）设置降低采样（图 3.133）。减少要处理的信息量，但会影像结果。可快速生成三维模型草稿或允许在具有低硬件配置和有限软件版本的计算机上处理较大的影像数据集。

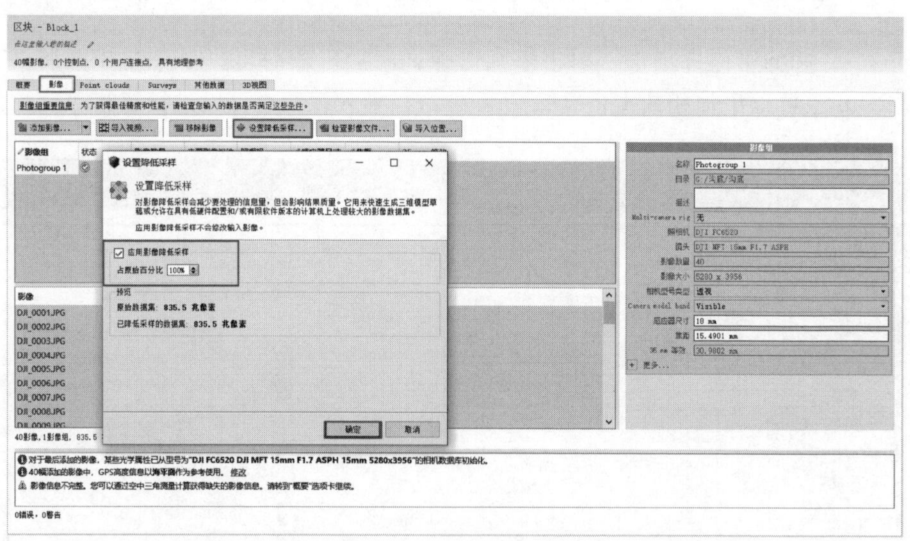

图 3.133　设置降低采样

（5）单击检查影像文件完整性（图 3.134），选择“模式”后单击“开始”（图 3.135）。

（6）如果拍摄的相片中不含有 POS 信息，可以在此处添加 POS 信息，如图

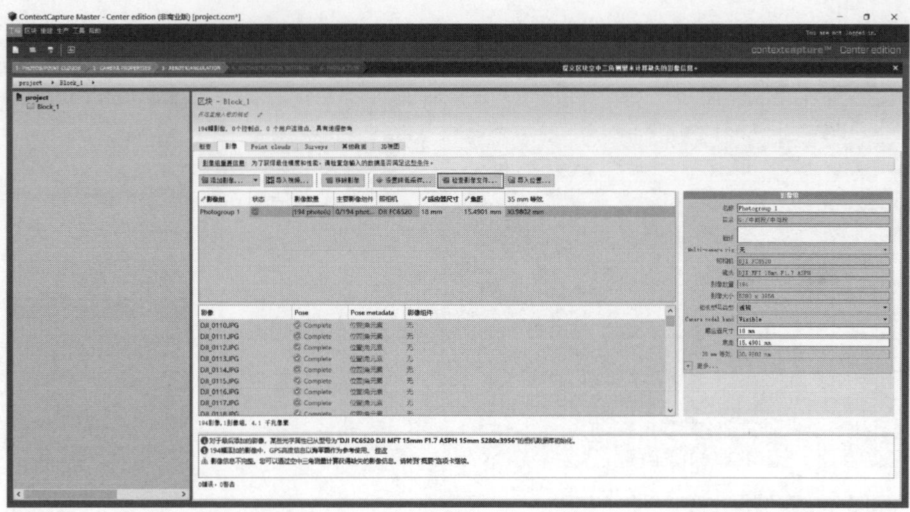

图 3.134　检查影像文件完整性

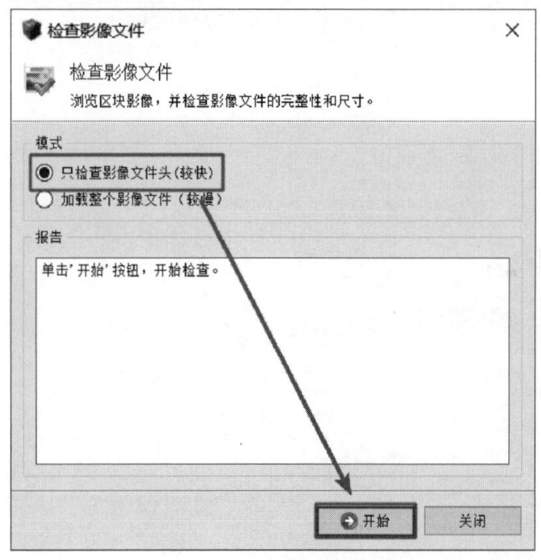

图 3.135　选择“模式”

3.136 所示。

（7）添加 POS 信息，相片名、坐标系等要一一对应，输入文件后选择字段选项，如图 3.137 所示。

（8）3D 视图查看，单击模型查看坐标，如图 3.138 所示。

（9）3D 视图查看，单击模型定义三维线段可查看距离和高差，如图 3.139 所示。

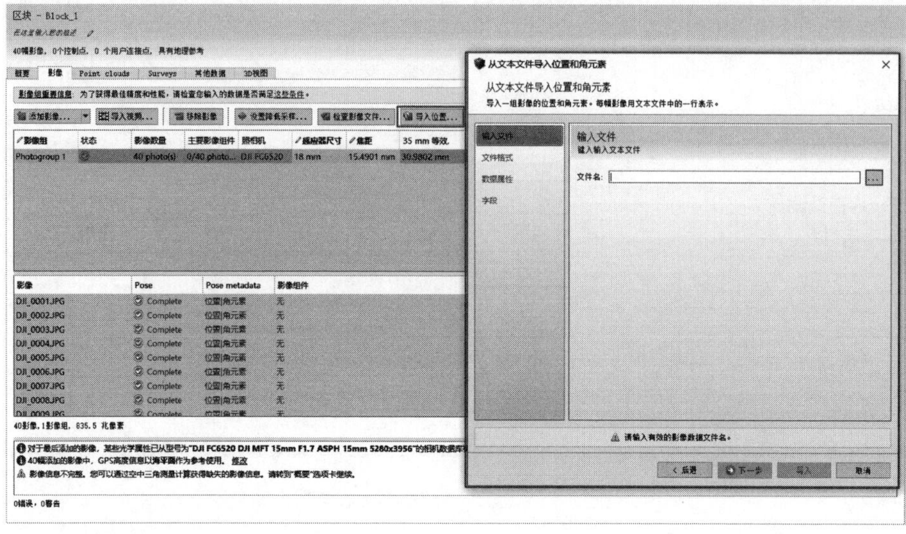

图 3.136 添加 POS 信息

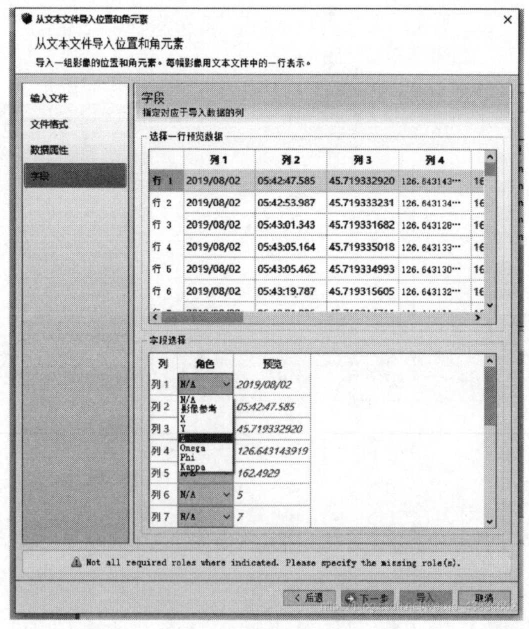

图 3.137 选择字段选项

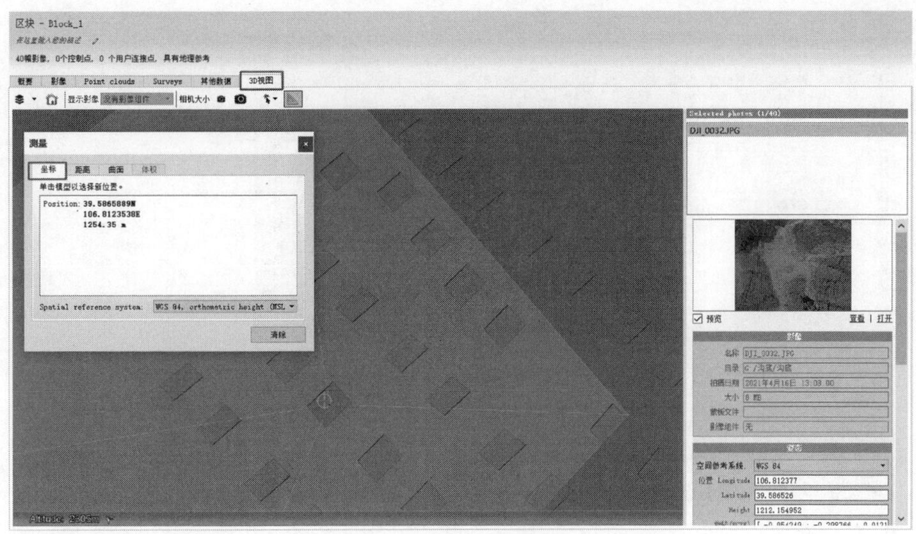

图 3.138　查看坐标

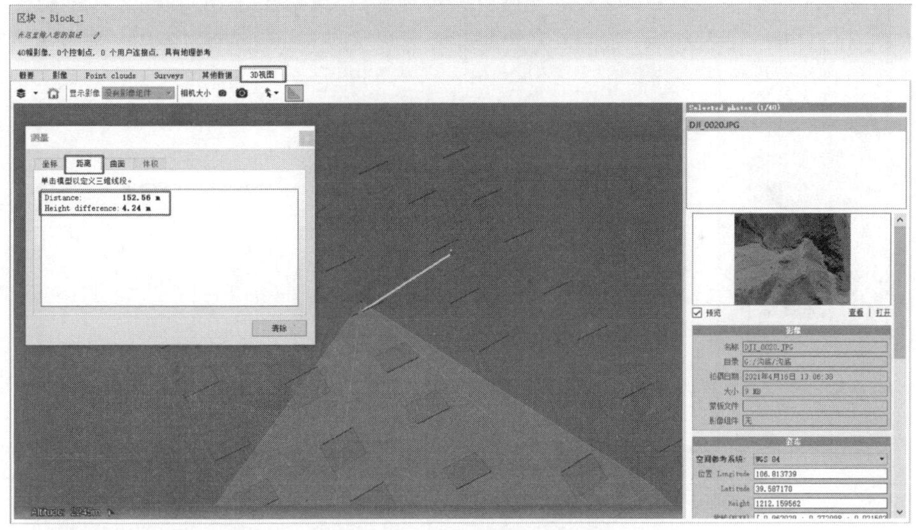

图 3.139　查看距离和高差

（10）3D 视图查看，单击模型定义曲面，双击关闭多边形，可查看周长和面积，如图 3.140 所示。

（11）完成后，选择 Surveys 选项卡，然后单击编辑控制点，如图 3.141 所示。

（12）单击右侧加号，添加图片控制点，如图 3.142 所示。

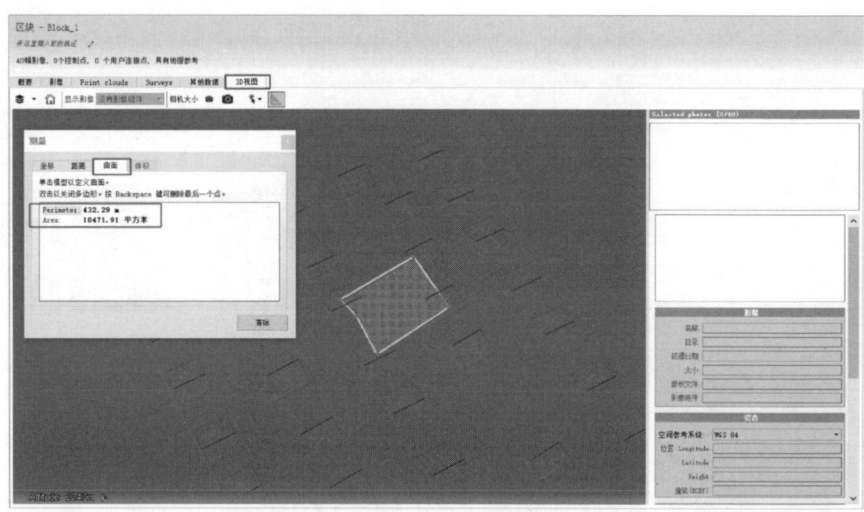

图 3.140　查看周长和面积

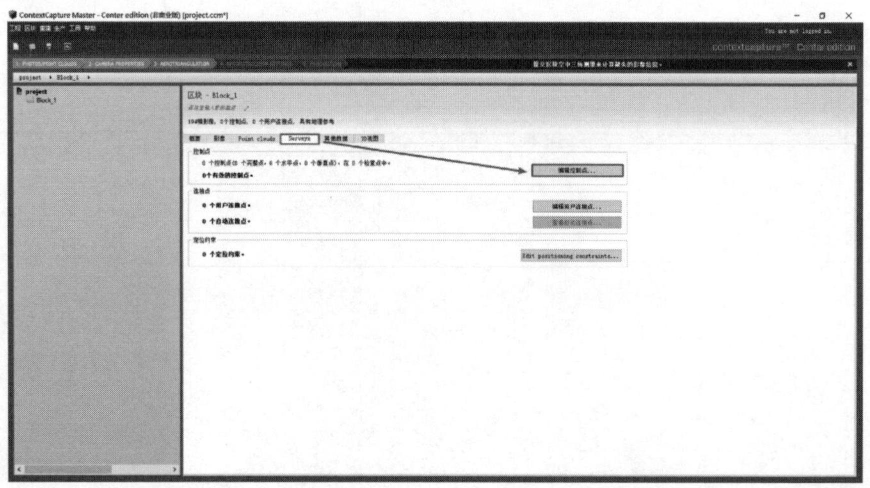

图 3.141　编辑控制点

（13）选择概要选项卡，然后单击右侧提交空中三角测量计算，如图 3.143 所示。

（14）填入工作目录名称后，单击下一步，如图 3.144 所示。

（15）在这一步中，如果没有添加控制点，会默认选择使用照片坐标（绿色框），若添加了控制点，则选择使用控制点坐标（红色框），而后单击下一步，如图 3.145 所示。

（16）可选用的定位模式取决于区块附带的属性信息，如图 3.146 所示。

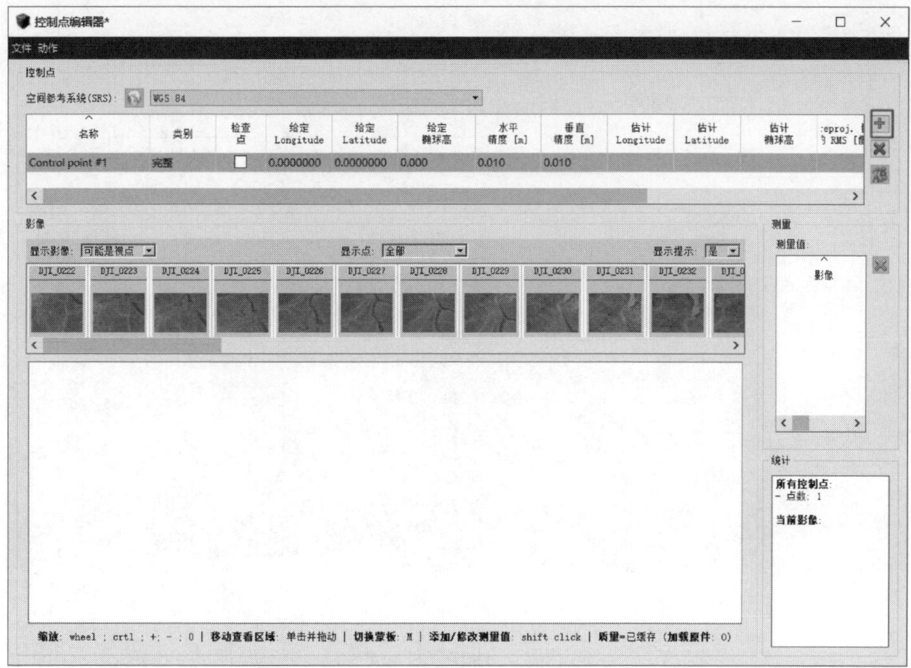

图 3.142 添加图片控制点

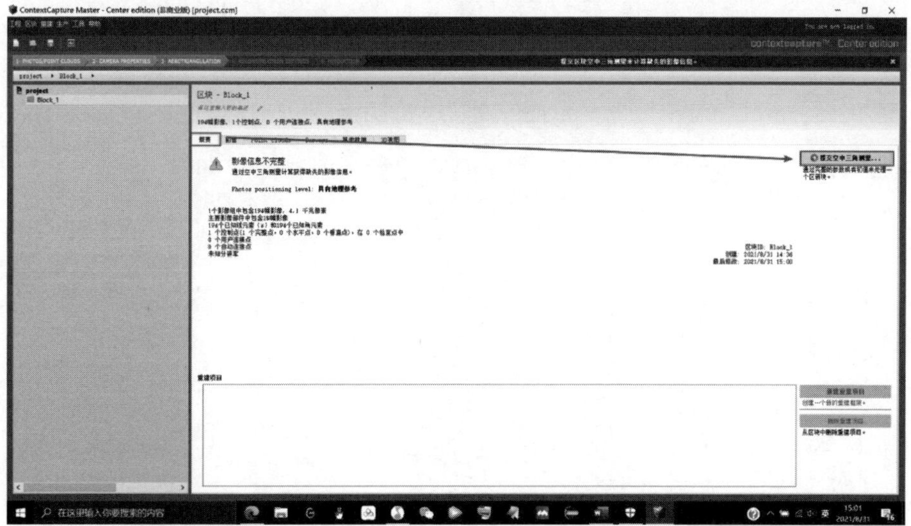

图 3.143 提交空中三角测量计算

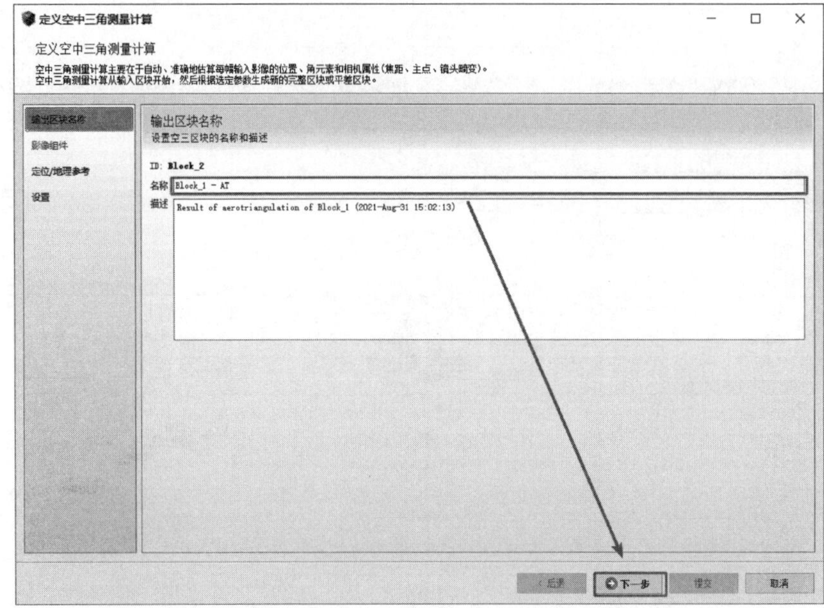

图 3.144　填入工作目录名

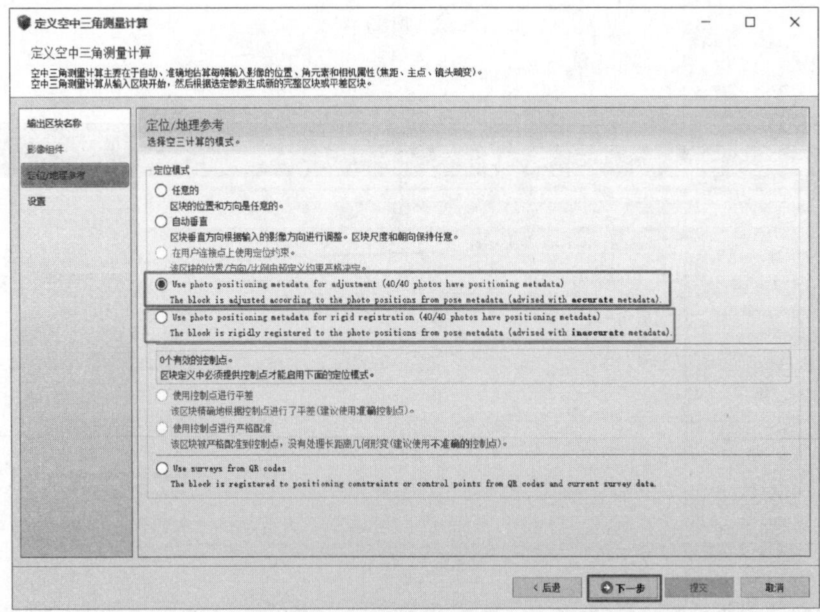

图 3.145　有、无添加控制点界面

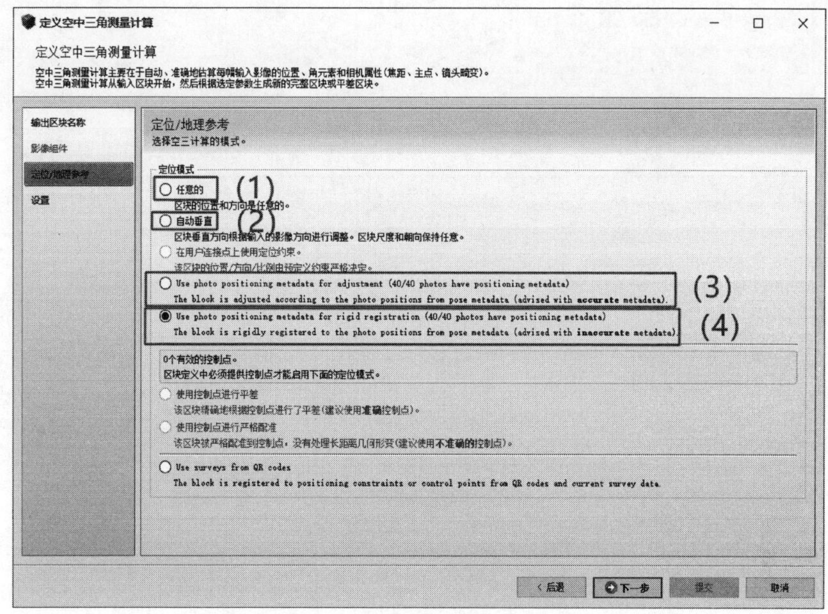

图 3.146　可选用的定位模式

1）任意的。区块的位置和方向不受任何限制和预判值。

2）自动垂直。区块的垂直朝向由参与运算的影像的综合垂直方向决定，区块的比例和水平朝向判定保持和任意的选项一致，这个选项对于处理主要由航空摄影方式获得的影像时，相比任意的选项，效率有显著提高。

3）参照控制点精确配准（需要有效的控制点集）。利用控制点对区块进行精确方位调整（建议在控制点与输入影像精度一致时使用）。

4）参考控制点刚性配准（需要有效的控制点集）。参照控制点仅对区块进行刚性配准，忽略长距离几何变形的纠正（控制点不精准时推荐使用）。

（17）单击提交，如图 3.147 所示。

（18）打开 smart3D 的 ContextCapture Center Engine 软件，开始进行空中三角测量计算，如图 3.148 和图 3.149 所示。

（19）空中三角测量计算完成后，单击右下方新建重建项目，如图 3.150 所示。

（20）选择空间框架选项卡，进行分块，如图 3.151 所示。

1）瓦片设置。处理的三维场景往往涉及大片区域，这样大规模的模型无法在计算机的内存中载入，所以模型需要被分割成较小的瓦片以便于处理运算。

2）可选择的三种瓦片设置模式：①不切块，整个模型不分割瓦片。②规则平面格网切块，把重建区域在 *XY* 平面上分割成规则的正方形瓦片。③规则例

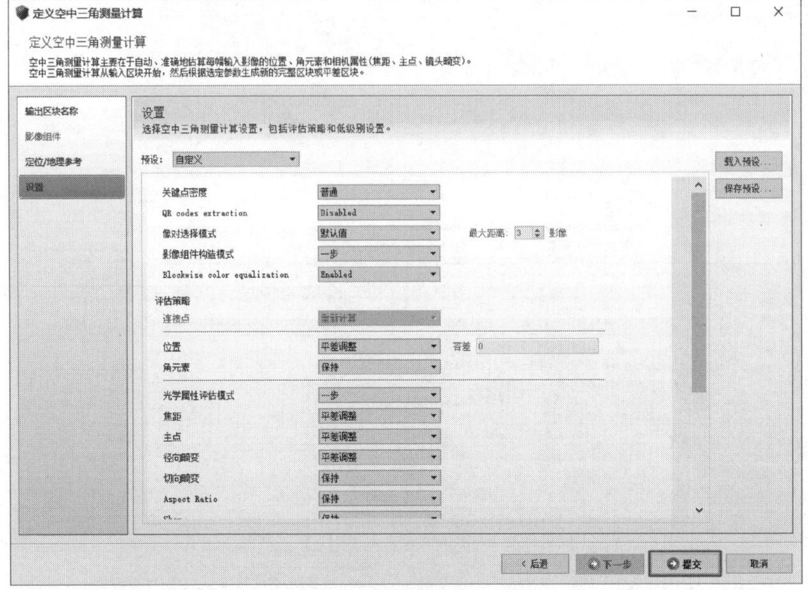

图 3.147　完成提交

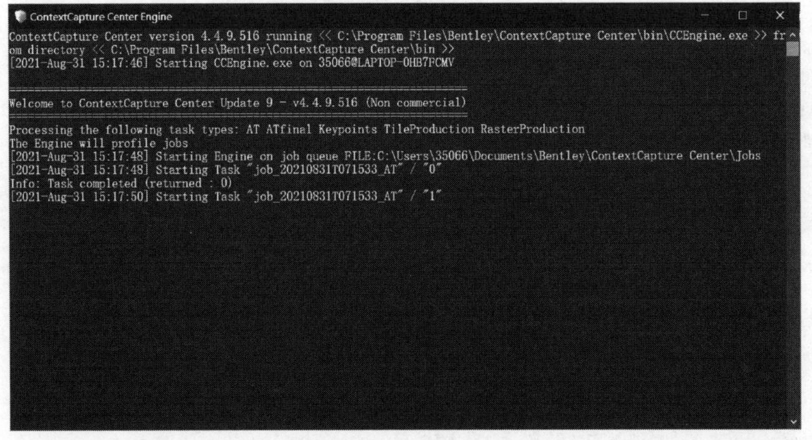

图 3.148　打开界面

题切块，把重建区域分割成规则正方体瓦块。

(21) 参考三维模型，用户可以从这里对每一块瓦片进行修正再导入，或对某些已导入修正成果的模型进行重置，如图 3.152 所示。

(22) 处理设置，处理设置选项卡包含了重建运算的设置功能，包括模型几何精度和高级设置等，用户生产任务提交后，处理设置将变成只读，不可再进行编辑，如图 3.153 所示。

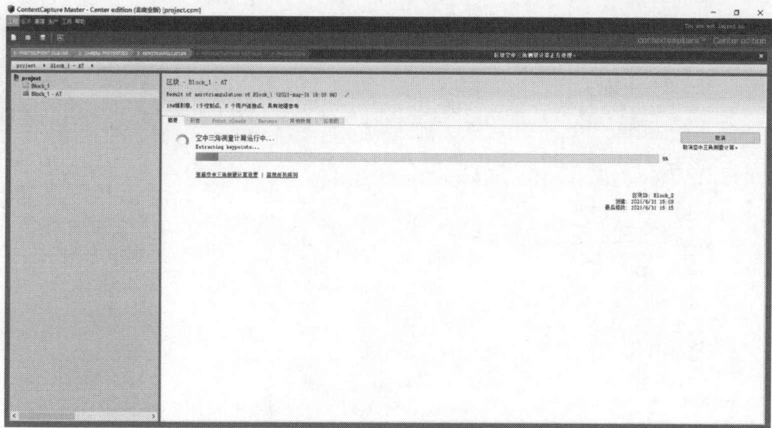

图 3.149　空中三角测量计算运行中

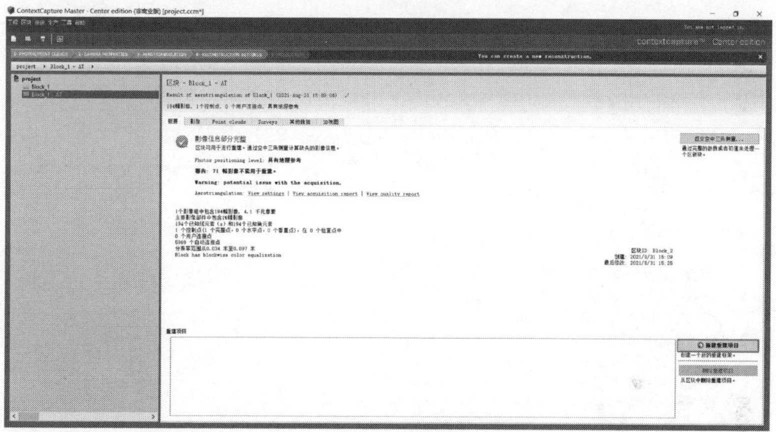

图 3.150　新建重建项目

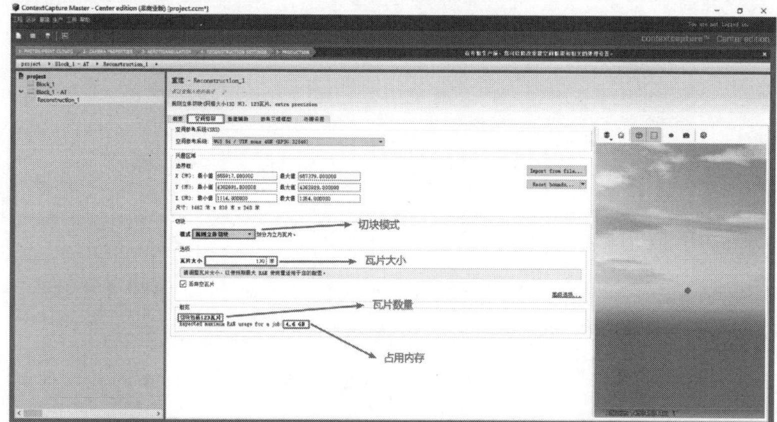

图 3.151　分块界面

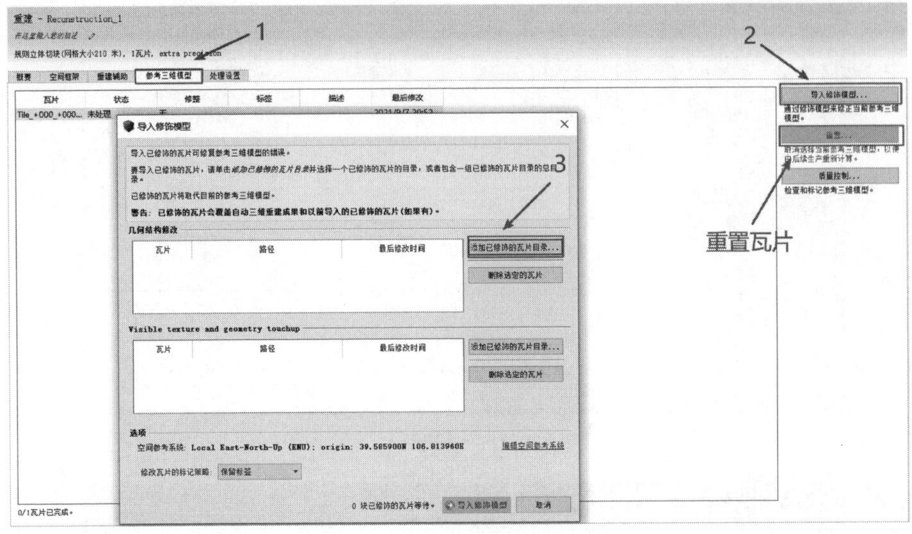

图 3.152 参考三维模型

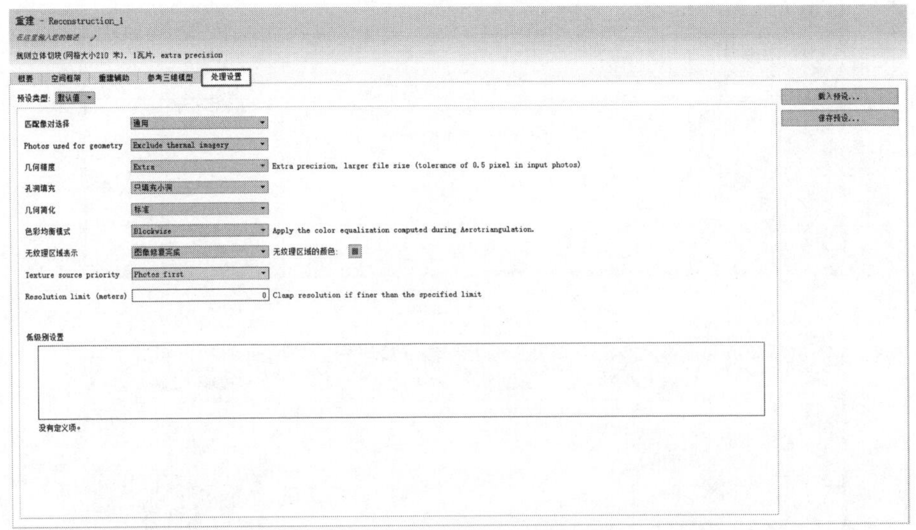

图 3.153 处理设置

(23) 完成后，单击概要选项卡，提交新的生产项目，如图 3.154 所示。

(24) 在对话框中填入模型名称，单击下一步，如图 3.155 所示。

(25) 选择生产目的，单击下一步，各选项提交生产的目标如图 3.156 所示。

(26) 选择输出的模型格式，然后单击下一步，如图 3.157 所示。

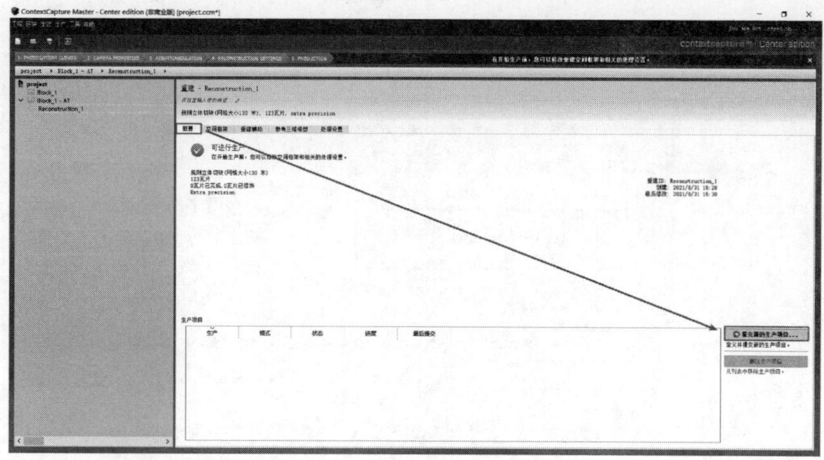

图 3.154 提交新的生产项目

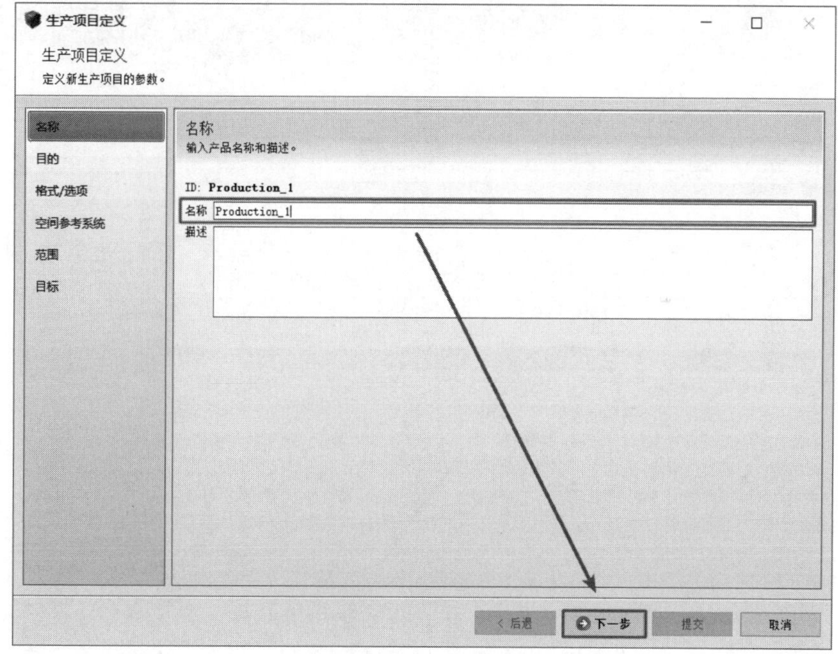

图 3.155 填入模型名称

(27) 选择模型所使用的坐标系，然后单击下一步，如图 3.158 所示。

(28) 单击下一步，如图 3.159 所示。

(29) 选择模型的输出目录后单击提交按钮，进行三维建模工作，如图 3.160 所示。

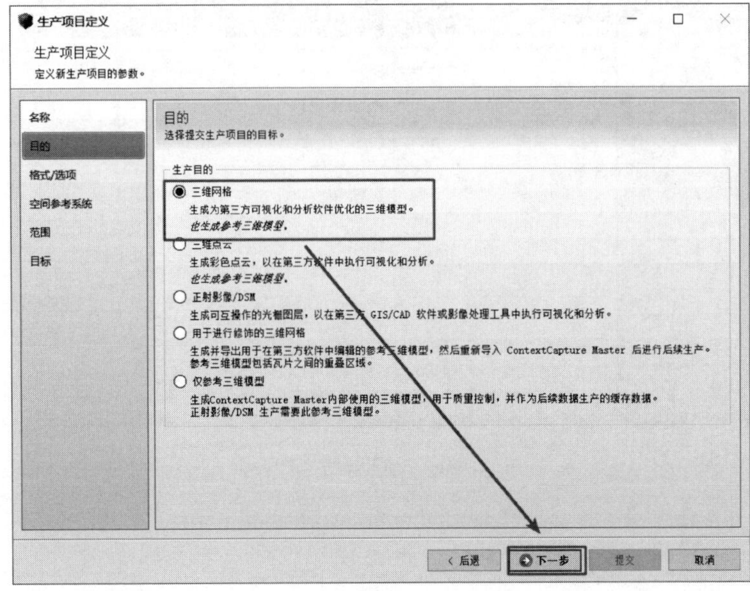

图 3.156　提交生产目标

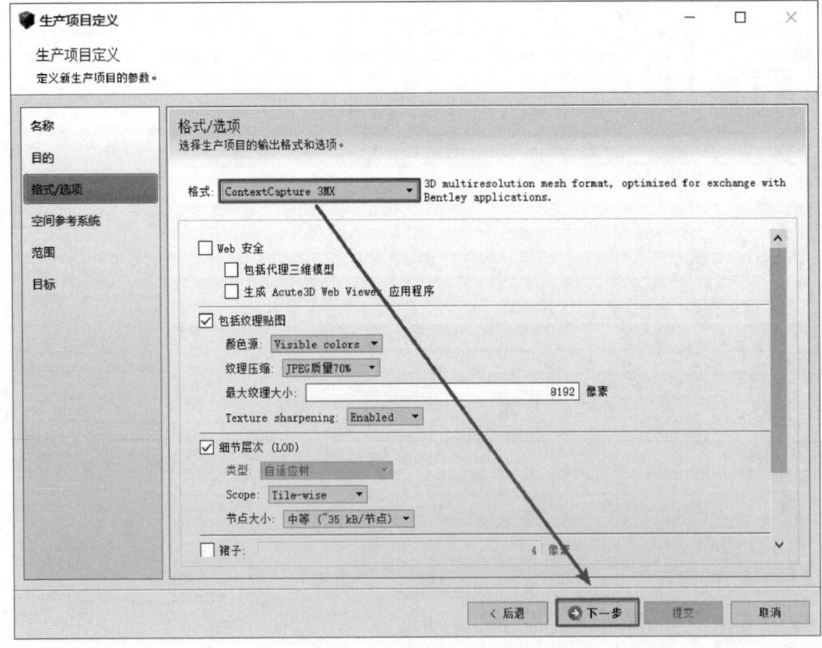

图 3.157　输出的模型格式

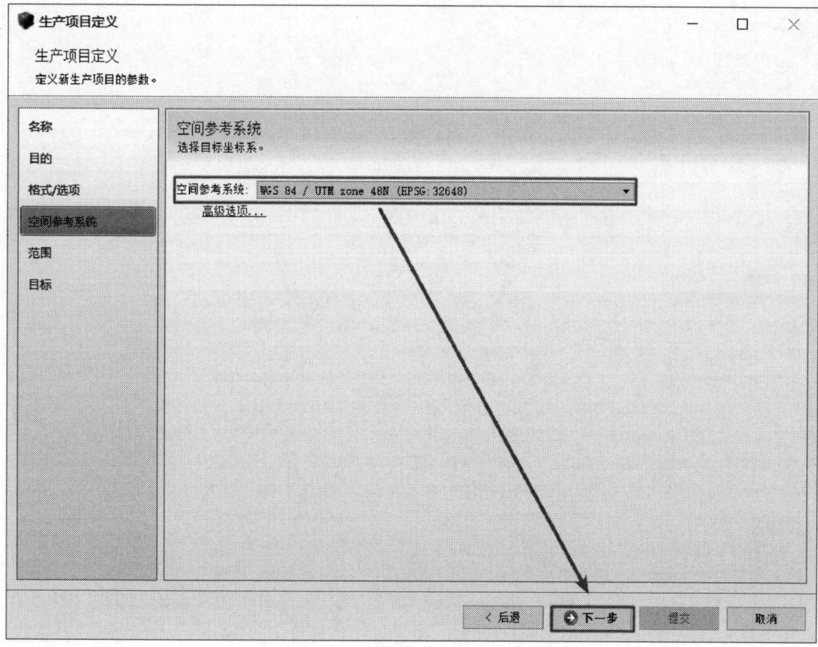

图 3.158 选择目标坐标系

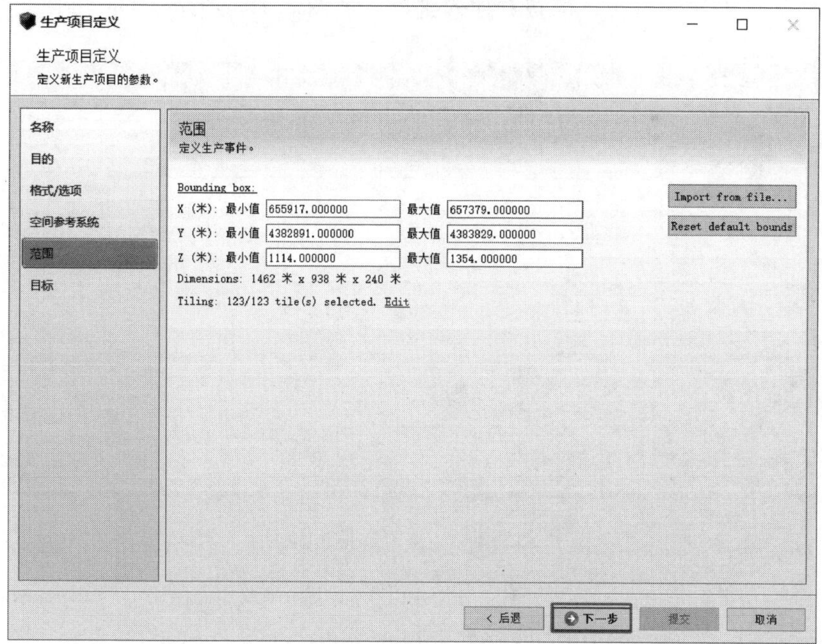

图 3.159 生产项目定义

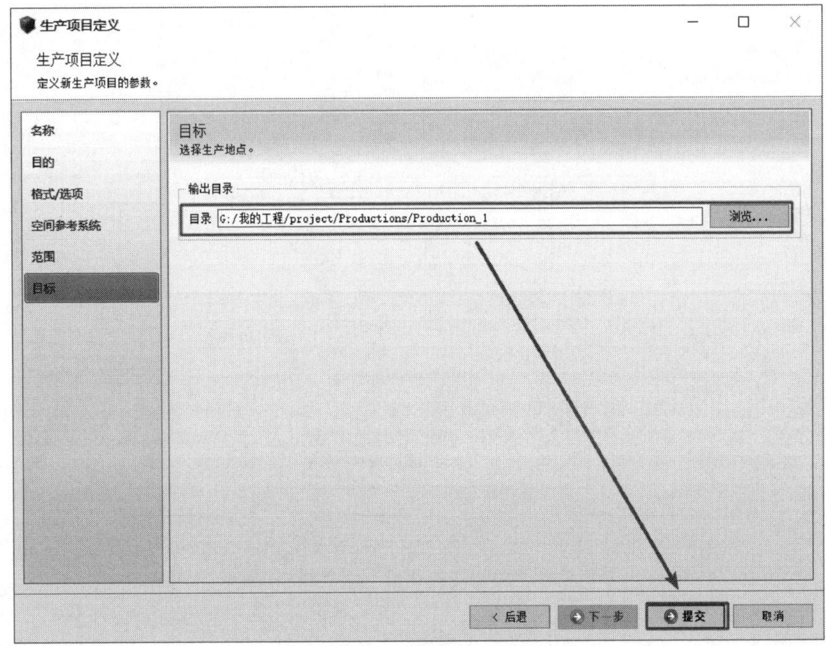

图 3.160 输出目录

（30）单击左侧目录，可查看建模进度，如图 3.161 所示。

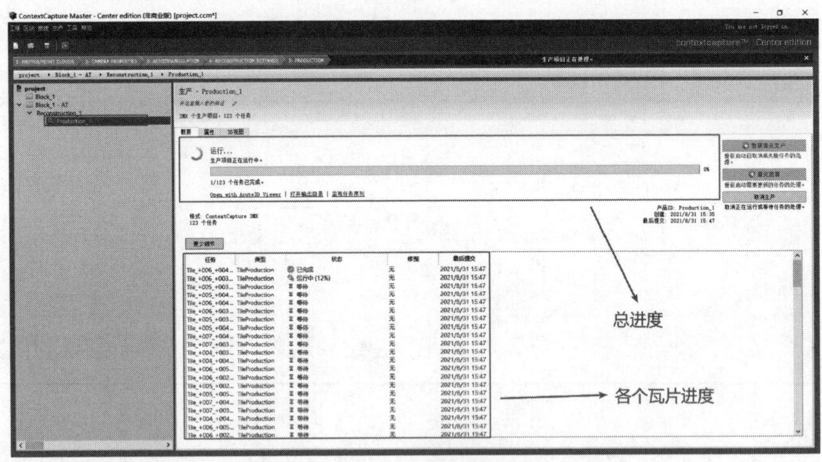

图 3.161 查看建模进度

（31）至此，所有操作已完成。此时可关闭 Context Capture Center Master，只留下引擎 Context Capture Center Engine 即可。

（32）建模完成，打开 Acute3D Viewer 软件，打开模型，如图 3.162 所示。

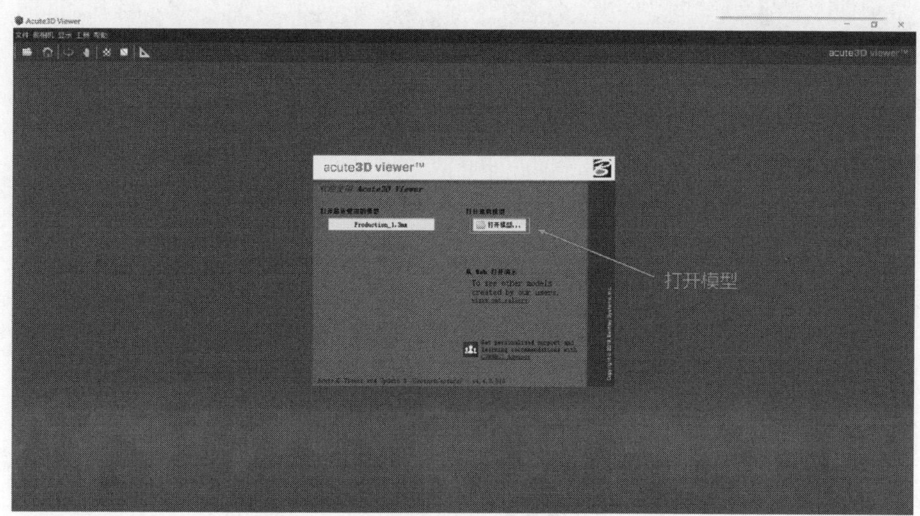

图 3.162　打开模型

（33）导入文件，如图 3.163 所示。

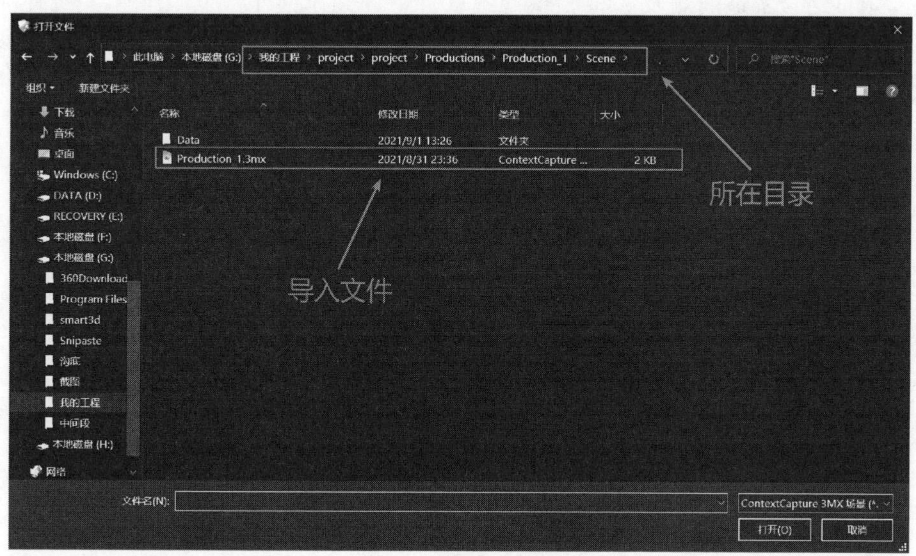

图 3.163　导入文件

（34）成果展示，如图 3.164 所示。

图 3.164 成果展示

3.5 本章小结

本章结合实地航测及多种影像处理软件，详细阐述了 Wingtra 无人机外业航飞操作和内业处理全过程的应用，主要内容包括制订飞行任务计划、外业航测操作、地面控制点获取和内业数据处理等。

第4章　无人机航测在土方开挖工程中的应用

4.1　发展历程

传统的土石方测量方法有水准仪测量法、全站仪测量法和 GPS 测量法。水准仪测量法通过事先在测区布设方格网的每个角点高程计算土石方量，该方法适用性单一，若测区不适合布设方格网，该方法就不适用；全站仪测量法具有操作简单，仪器要求低等优点，适合测量面积较小和通视良好的区域；GPS 测量法是目前土石方测量中应用较多的一种方法，它不受距离和通视限制，且测量速度和精度较全站仪测量有所提高，但当测区有一些建筑、树木、电磁场等影响 GPS 信号时，该方法误差较大。传统方法受场地影响大、效率低下、人工成本高，亟待寻求一种高效、安全且经济的测量方法。

运用无人机航测技术进行土石方量测量，该方法不受场地障碍影响，费用相对低廉，在对场地土石方量追踪管理方面成本较低，同时避免了大量人工现场作业，该技术目前在测绘、水利、土地规划、交通等各领域都进行了广泛应用。本章主要结合南方 CASS 软件，对无人机航测在土方开挖中的应用进行了详细的研究。

4.2　测区表面积计算

对于不规则地貌，其表面积很难通过常规的方法来计算，在这里可以通过建模的方法来计算，系统通过数字地面模型（DTM）建模，在三维空间内将高程点连接为带坡度的三角形，再通过每个三角形面积累加得到整个范围内不规则地貌的面积。将处理好后的点云文件保存在任一盘下的文件夹中，本书将点云文件保存在“响河数据文件”文件夹中。

4.2.1　定显示区

运用南方 CASS 软件处理点云数据时，首先需要定“显示区”，“定显示区”菜单如图 4.1 所示。

“定显示区”即通过坐标数据文件中的最大、最小坐标定出屏幕窗口的显示范围。

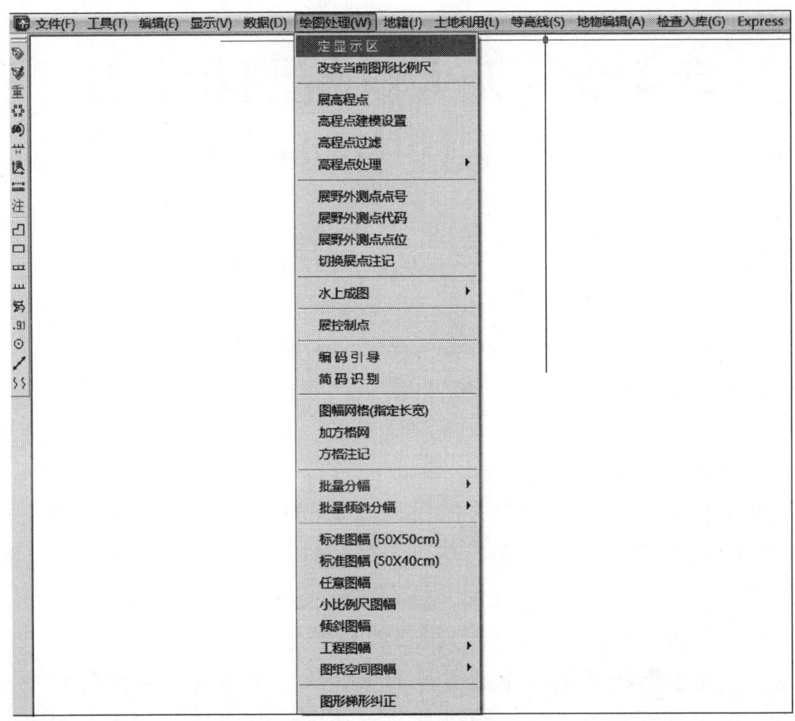

图 4.1　“定显示区”菜单

进入 CASS 主界面，鼠标单击“绘图处理”项，即出现如图 4.1 所示下拉菜单，然后移至“定显示区”项，使之以高亮显示，按左键，即出现一个对话窗如图 4.2 所示，这时，需要输入坐标数据文件名，默认点云数据文件保存在 CASS 软件安装目录下面的 DEMO 文件夹下，但是本书中点云文件保存在“响河数据文件”文件夹，因此单击查找范围项后面的下三角标识，并单击出现的桌面项，如图 4.3 所示；单击桌面项后，下拉滚动条，找到“响河数据文件”，并双击打开，如图 4.4 所示；找到点云所在文件夹后，双击该文件夹，即可找到点云数据文件，鼠标左键单击该数据文件，并左键单击打开按钮，即可读取点云数据，如图 4.5 所示，点云数据读取后，命令区显示：

最小坐标（米）：X＝3793495.000，Y＝395955.281

最大坐标（米）：X＝3803964.000，Y＝404841.469

表示点云数据读取成功，具体界面如图 4.6 所示。

4.2.2　选择测点点号定位成图法

移动鼠标至屏幕右侧菜单区“坐标定位”，单击左键，出现如图 4.7 所示界面。

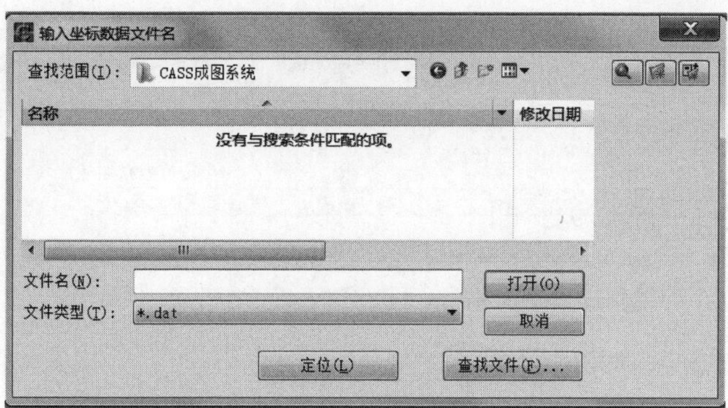

图 4.2 选择“定显示区”数据文件

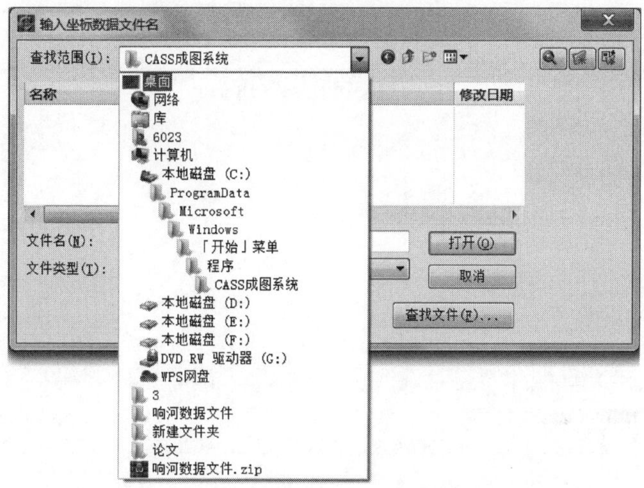

图 4.3 查找点云文件夹

图 4.4 划动滚动条找到点云所在文件夹

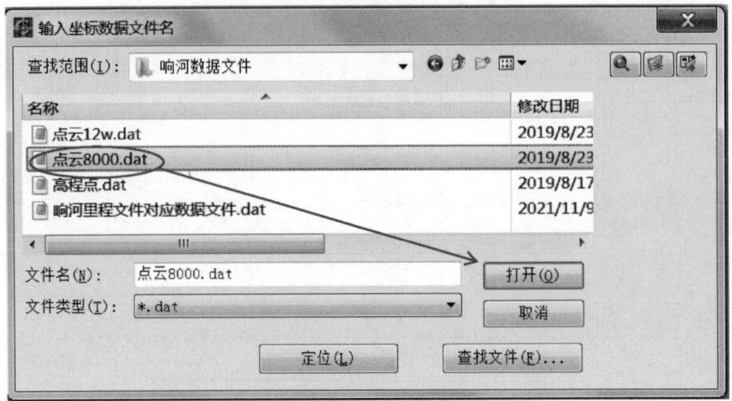

图 4.5　读取点云数据

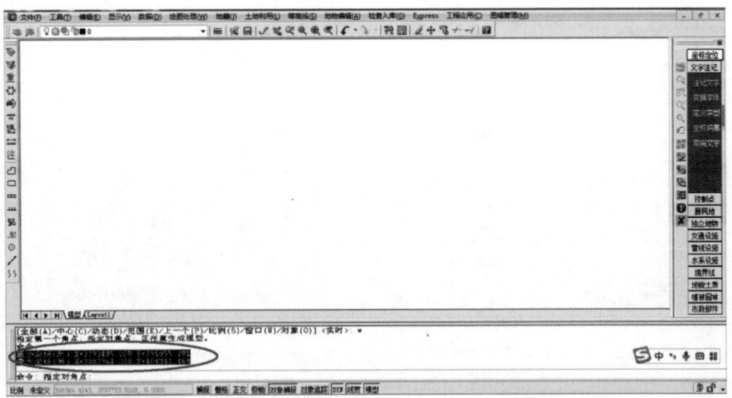

图 4.6　点云数据读取成功命令区显示最大、最小坐标

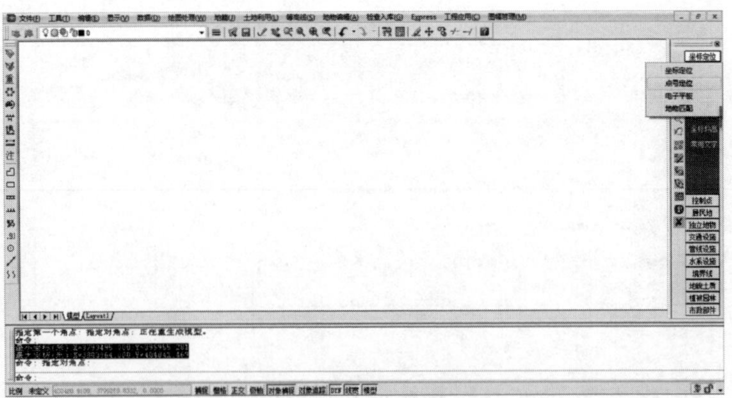

图 4.7　坐标定位菜单项

左键单击“点号定位”项，出现如图 4.8 所示界面。

图 4.8　点号定位选择

单击“点云 8000. dat”文件，并单击打开项。命令区提示：

读点完成！共读入 8000 个点

点号定位读入完成界面如图 4.9 所示。

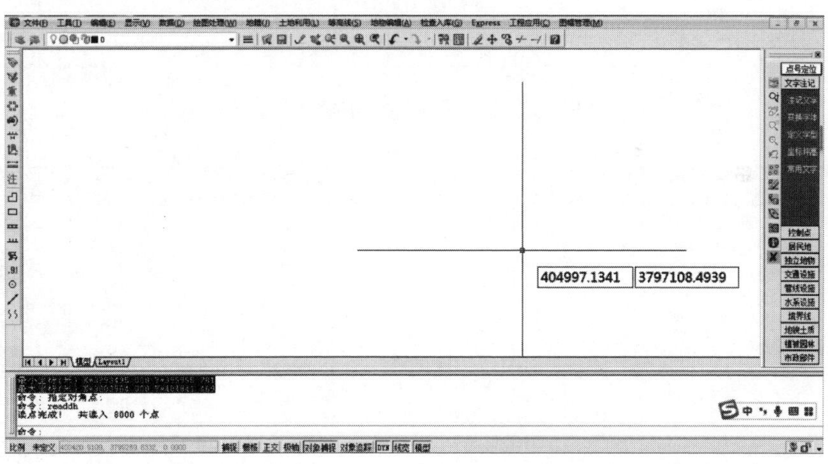

图 4.9　点号定位读入完成

4.2.3　展点

移动鼠标至屏幕的顶部菜单“绘图处理”项按左键，此时系统弹出一个下拉菜单，接着移动鼠标选择“展野外测点点号”选项，如图 4.10 所示；单击左键，出现绘图比例尺设置，具体如图 4.11 所示；此步可根据具体情况设置相应的绘图比例尺，本书按照默认的 1∶500 绘图比例进行设置，即直接按 enter 键进入下一步。鼠标左键单击 enter 键后，出现如图 4.12 所示的对话框。

图 4.10　选择“展野外测点点号”

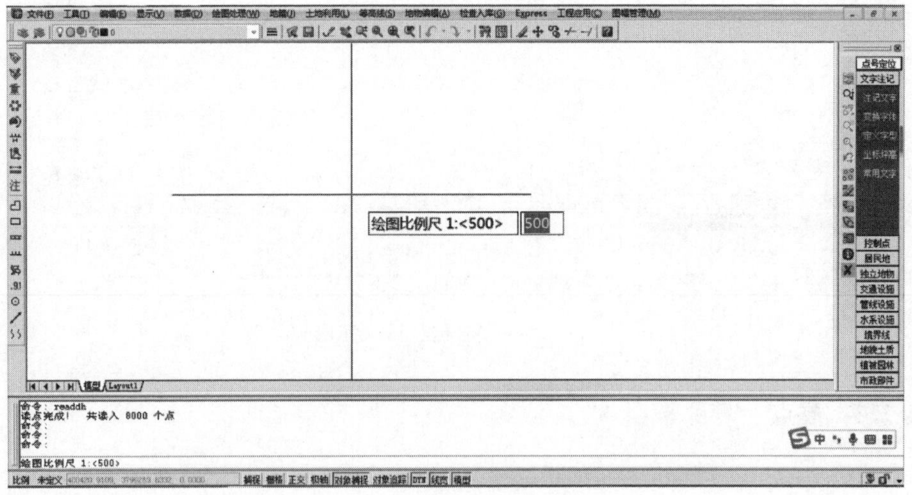

图 4.11　绘图比例尺设置

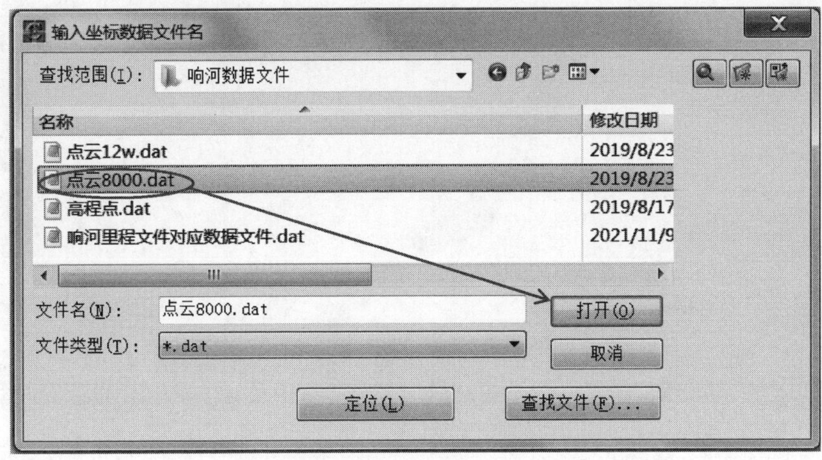

图 4.12 读入点云数据

单击“点云 8000.dat”，并打开此文件。此时即完成展野外测点点号操作，展点图如图 4.13 所示。

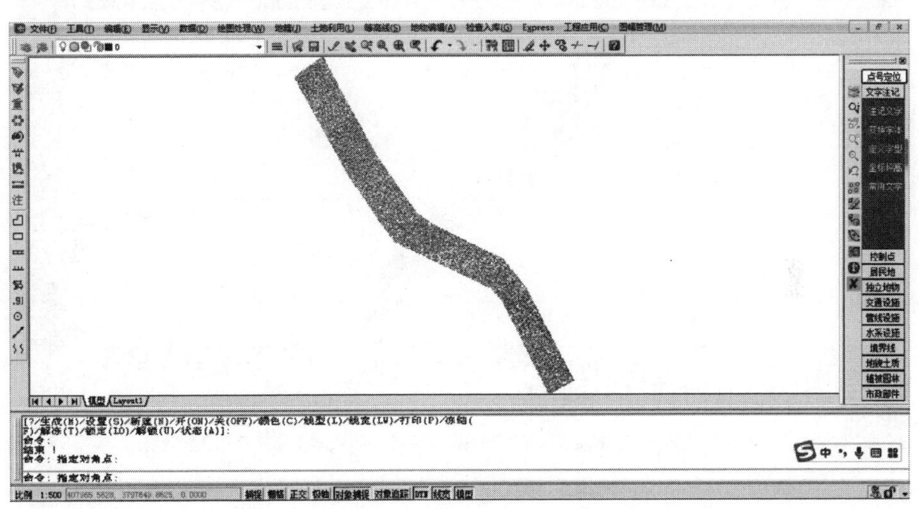

图 4.13 点云 8000.dat 展点图

4.2.4 计算表面积

点云数据处理完成后，通过多段线命令 PL，绘制出要计算的区域，绘制计算区域如图 4.14 和图 4.15 所示。注意采用多段线命令绘制出闭合的多边形后，需输入命令 C 进行确定，否则后续进行表面积计算时，软件会报错“该实体没有闭合”，软件报错界面如图 4.16 所示。

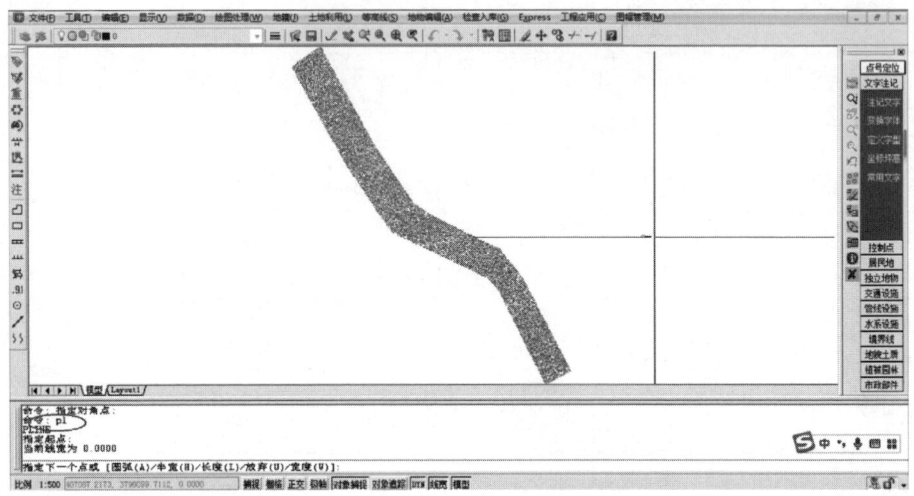

图 4.14　采用 PL 命令绘制闭合区域

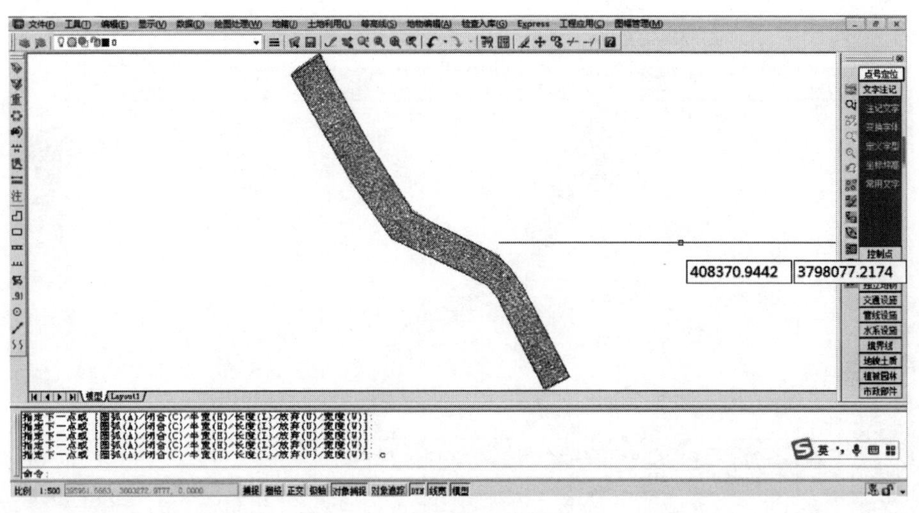

图 4.15　选定的计算区域

单击“工程应用\计算表面积\根据坐标文件”命令，进行选定区域表面积的计算，具体操作路径如图 4.17 所示。

鼠标左键单击“根据坐标文件”项，命令区会出现提示：选择计算区域边界线，软件提示界面如图 4.18 所示。

鼠标光标单击绘制的计算区域边界线，即“计算区域边界线”，选取计算区域边界线如图 4.19 所示。

光标对准区域边界，当边界线变粗后单击，出现如图 4.20 所示弹窗。

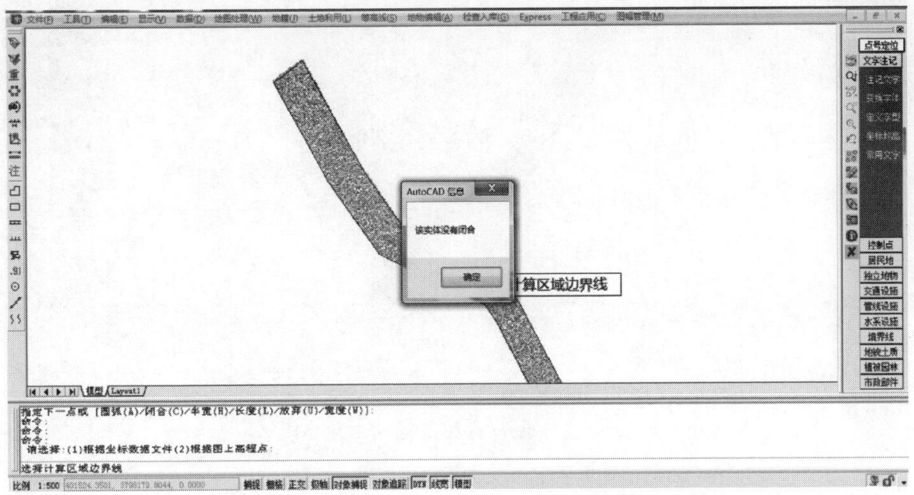

图 4.16　多段线绘制区域图没有采用 C 命令导致错误提示

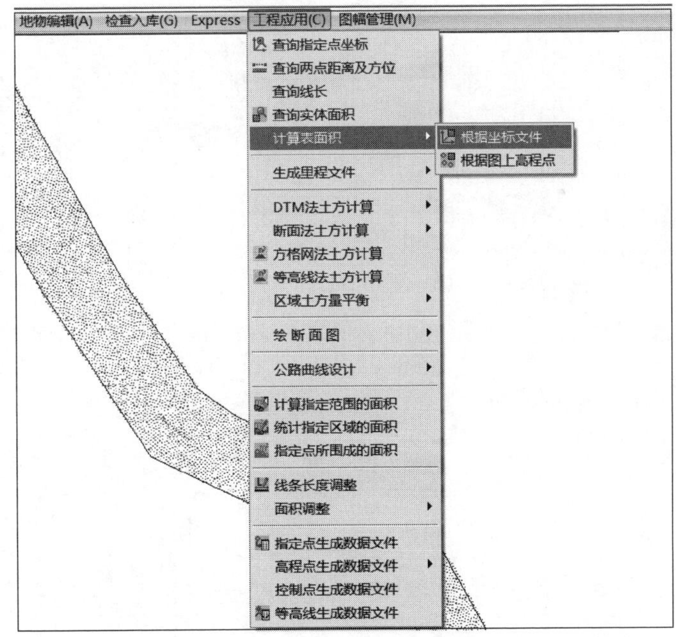

图 4.17　根据坐标文件计算表面积的具体操作路径

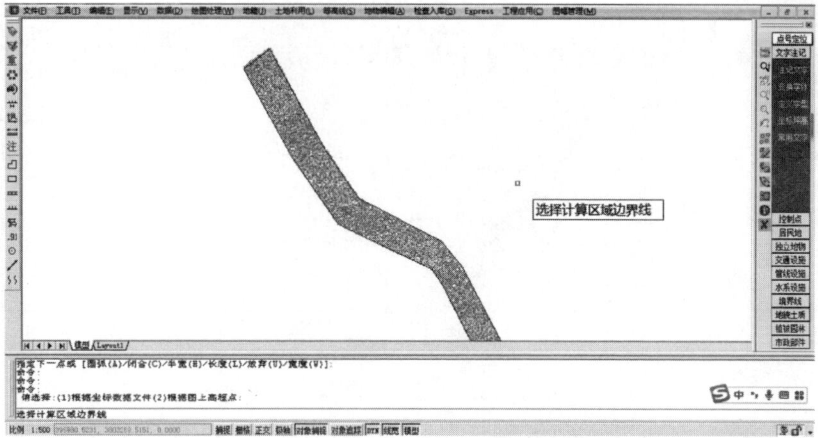

图 4.18　选择计算区域边界线提示

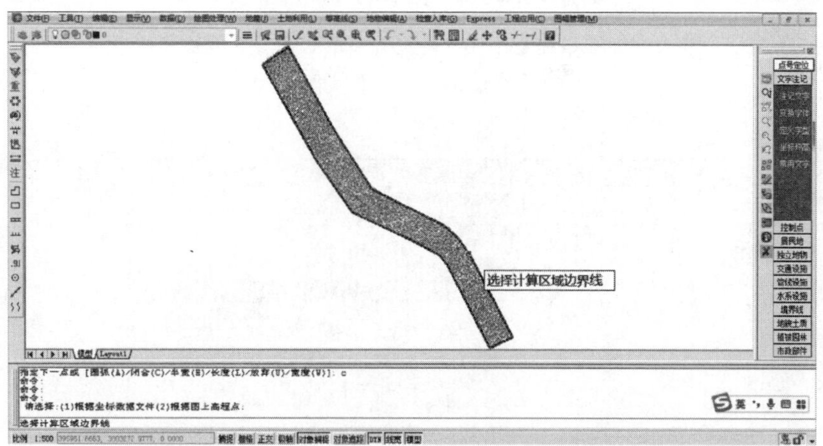

图 4.19　选取计算区域边界线

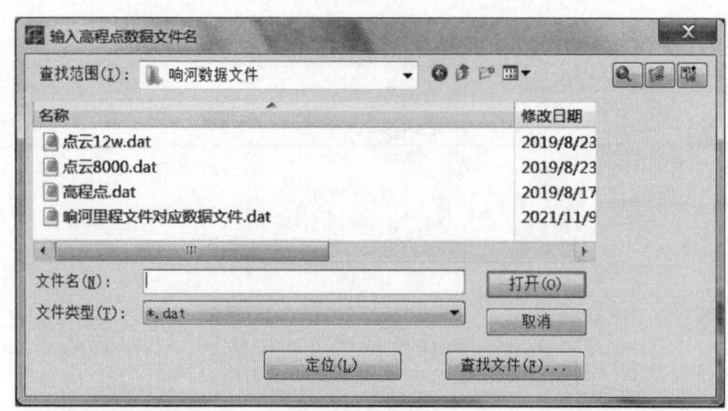

图 4.20　计算区域选定后重新读取点云数据

单击“点云 8000. dat”文件，并打开，出现如图 4. 21 所示插值间隔值输入框。

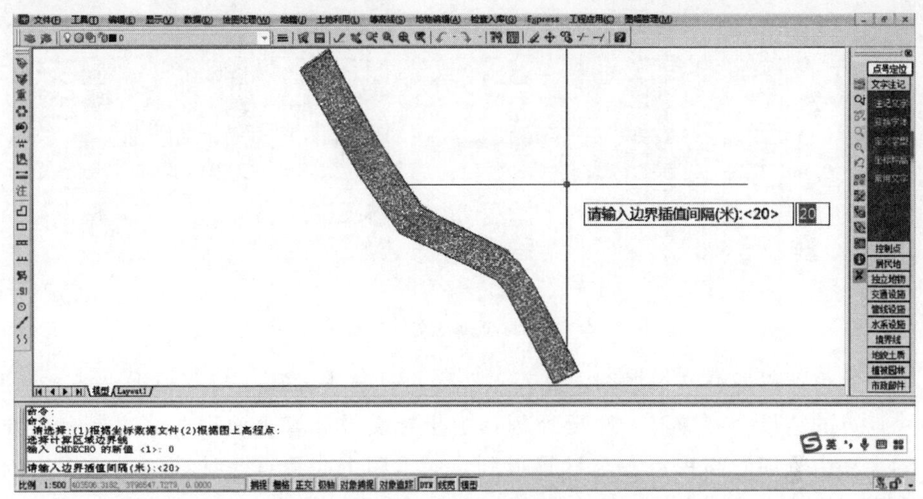

图 4. 21　输入边界插值间隔值对话框

在请输入边界插值间隔（米）：〈20〉输入在边界上插点的密度，本书直接按 enter 键，即输入默认值 20；经计算，命令提示行会显示表面积 ＝ 13092909. 171 平方米，详见 surface. log 文件，区域表面面积计算结果如图 4. 22 所示。surface. log 文件保存在 \ CASS7. 1 \ SYSTEM 目录下（与 CASS 软件安装路径有关），如本书中 surface. log 文件的保存位置为：E：\ Program Files (x86) \ CASS70 \ SYSTEM，保存位置如图 4. 23 所示。

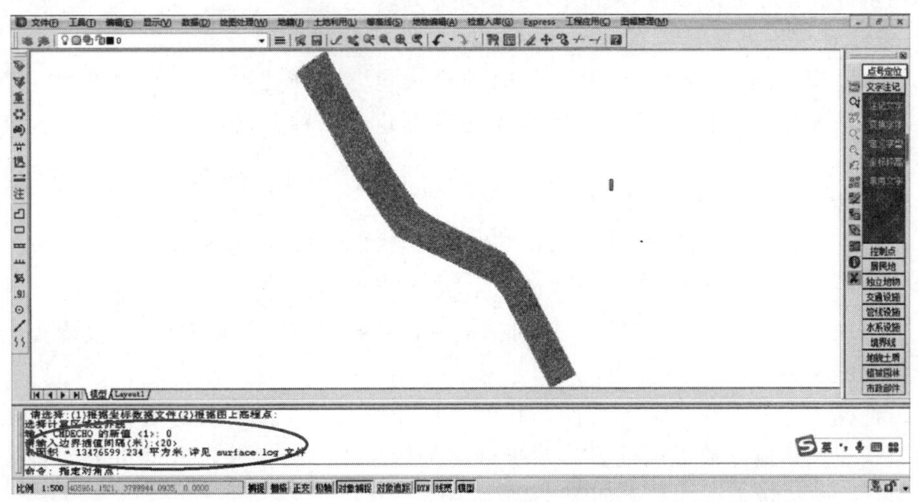

图 4. 22　区域表面面积计算结果

图 4.23 surface.log 文件保存位置

另外也可以通过“根据图上高程点”命令计算表面积，与“根据坐标文件”命令计算的结果会有差异，主要原因：由坐标文件计算表面积时，边界上内插点的高程由全部的高程点参与计算得到，而由图上高程点来计算时，边界上内插点只与被选中的点有关，故边界上点的高程会影响到表面积的结果。

4.3 土方量的计算

4.3.1 DTM 法土方量计算

由 DTM 模型计算土方量是根据实地测定的地面点坐标（X，Y，Z）和设计高程，通过生成三角网计算每一个三棱锥的填挖方量，最后累计得到指定范围内填方和挖方的土方量，并绘出填挖方分界线。

DTM 法土方量计算有三种方法：根据坐标数据文件计算；根据图上高程点计算；根据图上三角网计算。前两种算法包含重新建立三角网的过程，第三种方法直接采用图上已有三角网，无需重建。三种方法的具体操作过程如下所述。

1. 根据坐标数据文件计算

单击等高线下面的“建立 DTM”选项，选项界面如图 4.24 所示。

单击“建立 DTM”后，出现如图 4.25 所示对话框。

出现“坐标数据文件名”读取对话框后，选择“响河数据文件”，读取点云数据如图 4.26 所示。

选择“点云 8000.dat”文件，并单击打开按钮，在接下来的对话框中单击确定按钮，其他选项无须设置，系统自动开始导入点云文件，直至点云文件读取成功，点云读取成功界面如图 4.27 所示。

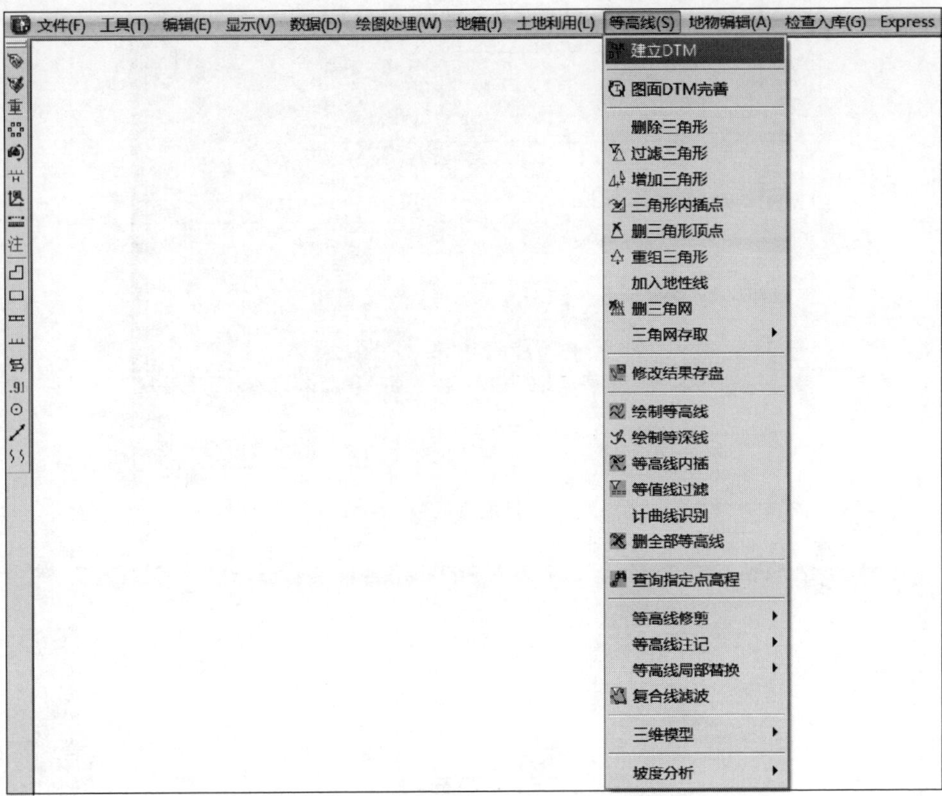

图 4.24　生成 DTM 模型步骤

图 4.25　“坐标数据文件名”读取对话框

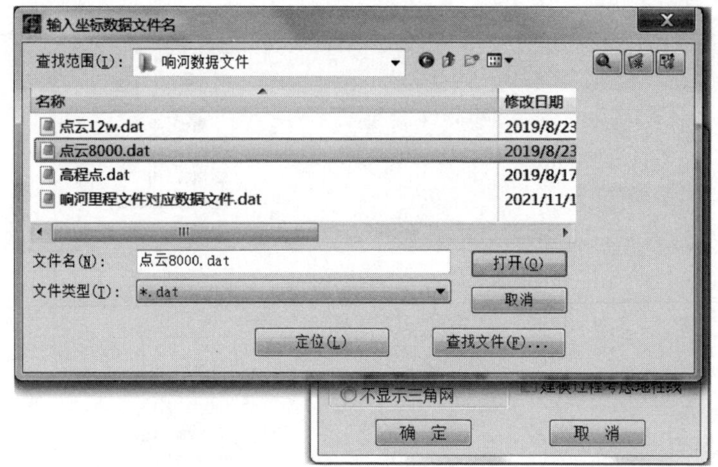

图 4.26　读取点云数据文件

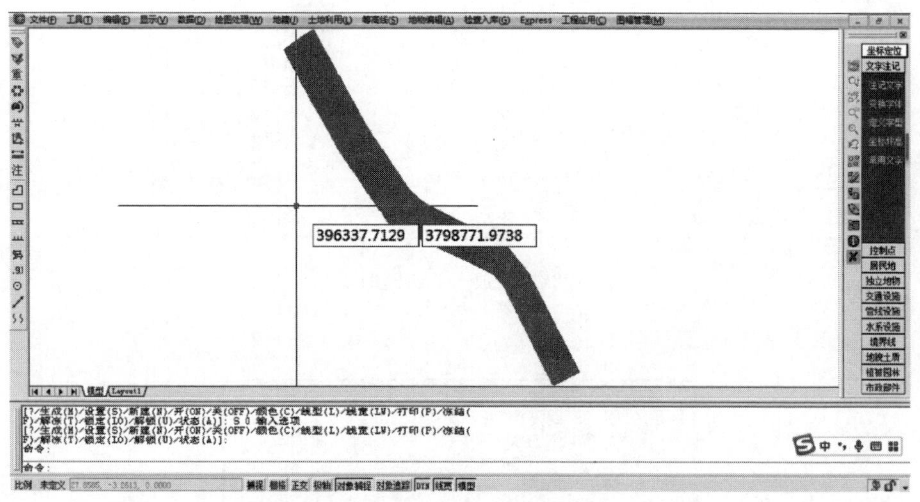

图 4.27　点云数据文件读取成功

点云数据文件读取成功后，用复合线命令 PL 绘制出所需计算土方的区域，同时注意用命令 C 进行线框的闭合。此过程中尽量不要拟合，因为拟合过的曲线在进行土方计算时会用折线迭代，影响计算结果的精度。用 PL 命令绘制计算区域如图 4.28 所示。

计算区域划定后，鼠标依次单击“工程应用（C）\DTM 法土方计算\根据坐标文件”，操作路径如图 4.29 所示。

单击“根据坐标文件”选项，系统会出现“选择计算区域边界线”提示，如图 4.30 所示。

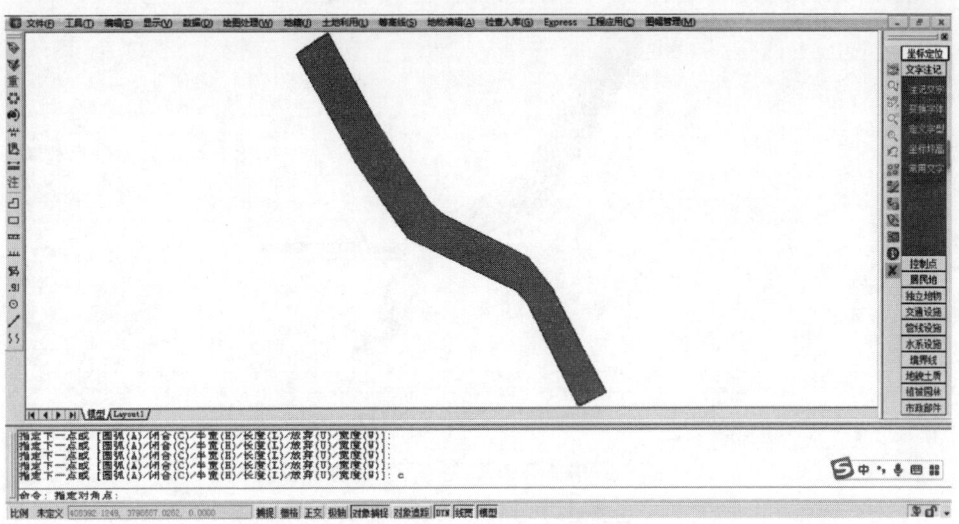

图 4.28 用 PL 命令绘制计算区域

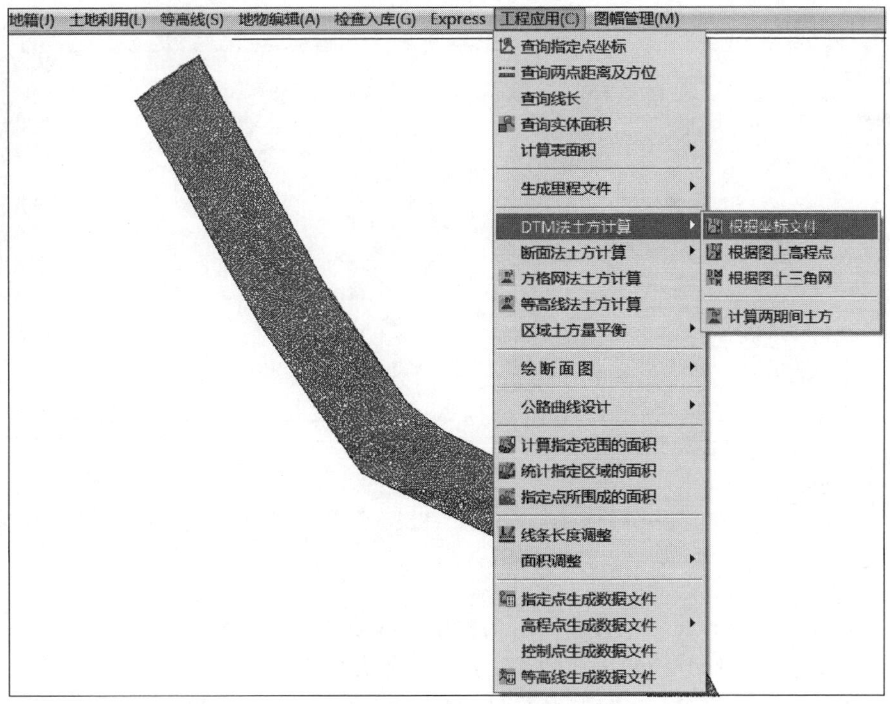

图 4.29 操作路径

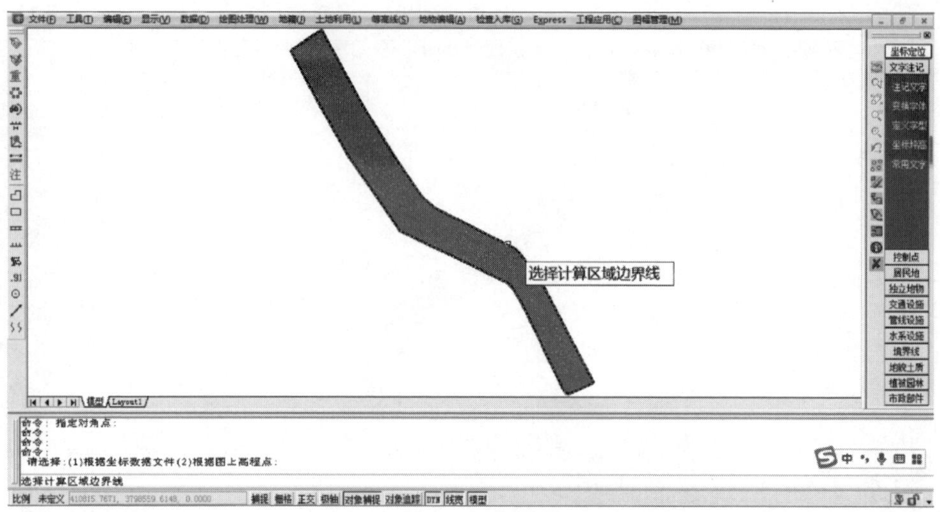

图 4.30　选择计算区域边界线

用鼠标点取绘制的闭合复合线，弹出如图 4.31 所示“DTM 土方计算参数设置”对话框。

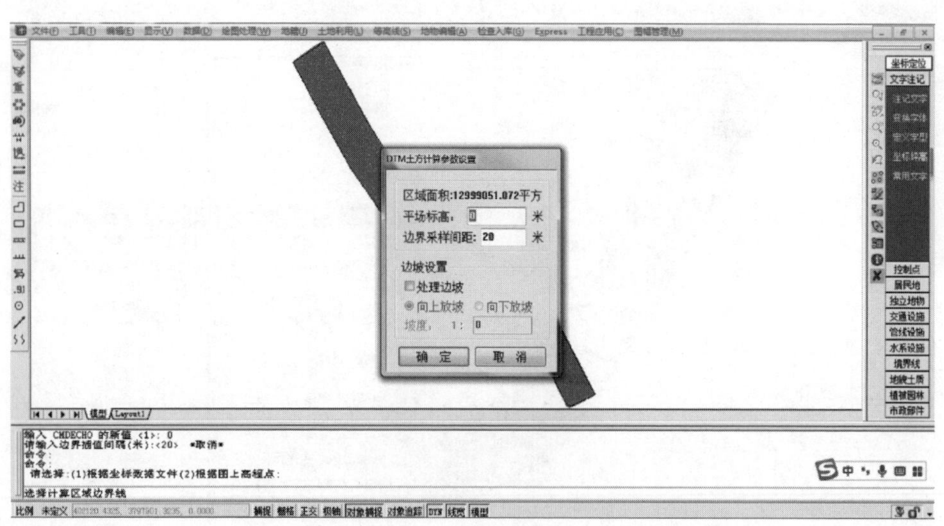

图 4.31　“DTM 土方计算参数设置”对话框

“DTM 土方计算参数设置”对话框中，各项参数的含义如下：

区域面积：即复合线围成的多边形的水平投影面积。

平场标高：指设计要达到的目标高程，本书中将其设置为 30 米。

边界采样间隔：边界插值间隔的设定，默认值为 20 米。

边坡设置：选中处理边坡复选框后，坡度设置功能变为可选，选择放坡方式（向上或向下：指平场高程相对于实际地面高程的高低，平场高程高于地面高程则设置为向下放坡不能计算向内放坡，不能计算范围线内部放坡的工程）。然后输入坡度值。本书对各参数的设置如图 4.32 所示。

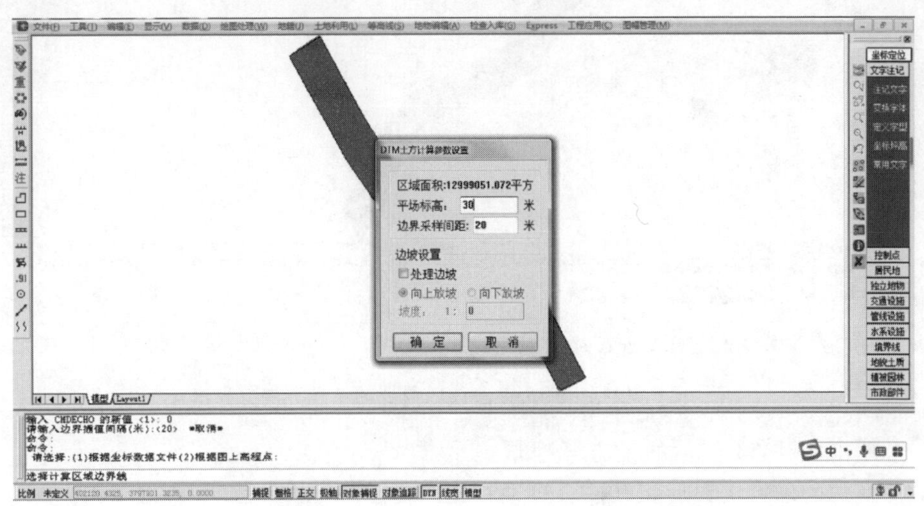

图 4.32 DTM 土方计算参数设置

按照图 4.32 进行 DTM 土方计算参数设置，设置完成后屏幕上显示填挖方的提示框，命令行显示：挖方量＝64648736.3 立方米，填方量＝1801095.5 立方米，土方计算结果如图 4.33 所示。

图 4.33 根据坐标文件进行 DTM 法土方计算的计算结果

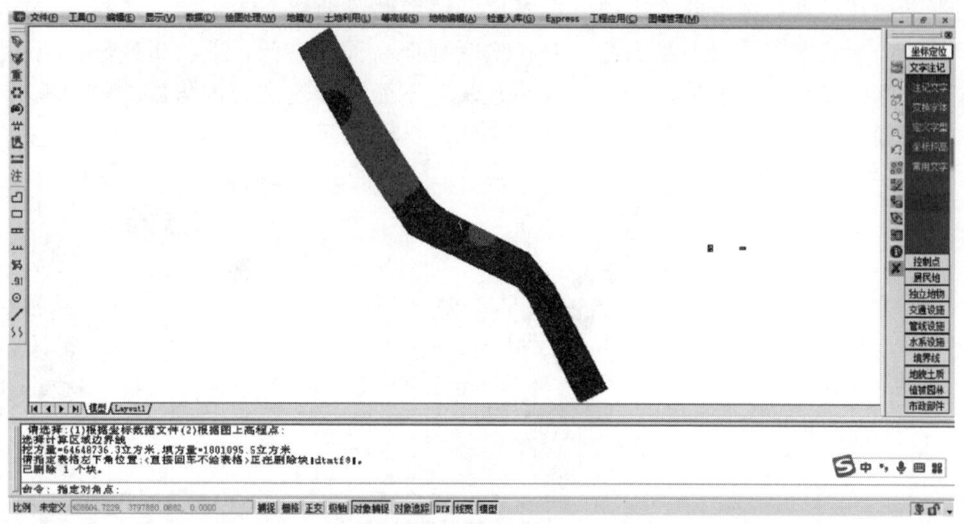

图 4.34　根据坐标文件法计算得到的填挖方的分界线

单击图 4.33 所示的土方开挖量提示对话框中的确定按钮后，软件会自动在图上绘出所分析的三角网、填挖方的分界线，具体如图 4.34 所示。另外，关闭对话框后系统还会提示：请指定表格左下角位置：〈直接回车不绘表格〉。在图上适当位置单击，软件会在该处绘出结果表格，包含平场面积、最大高程、最小高程、平场标高、填方量、挖方量和图形，填挖方量计算结果表格如图 4.35 所示。

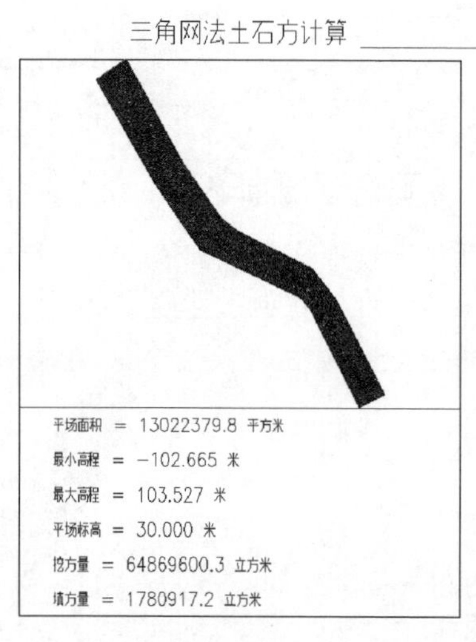
三角网法土石方计算

平场面积 ＝ 13022379.8 平方米
最小高程 ＝ −102.665 米
最大高程 ＝ 103.527 米
平场标高 ＝ 30.000 米
挖方量 ＝ 64869600.3 立方米
填方量 ＝ 1780917.2 立方米

图 4.35　填挖方量计算结果表格

计算三角网构成详见 cass \ system \ dtmtf.log 文件，其路径与软件所在安装位置有关，具体如图 4.36 和图 4.37 所示。

2. 根据图上高程点计算

根据图上高程点计算时，首先要展绘高程点，此步与“根据坐标数据文件计算”法不同，需特别注意，具体操作路径如图 4.38 所示。

单击“展高程点”选项后，命令框会出现绘图比例尺选项，可根据要求输入相应比例尺，本书直接按 enter 键，即选择默认的 1∶500 比例尺，绘图比例尺设置如图 4.39 所示。

图 4.36　dtmtf.log 文件的保存位置

图 4.37　DTM 土方计算结果

绘图比例尺设置完毕后，出现读入点云数据对话框，具体操作与上述部分相同，即找到要读入的点云数据，并单击打开按钮，读入点云数据如图 4.40 所示。

单击打开按钮后，命令行会出现“注记高程点的距离（米）”命令，如图 4.41 所示。

本书在操作时，对“注记高程点的距离（米）”命令直接回车，即不对高程点注记进行取舍，全部展出来。按 enter 键回车后，点云数据读取成功，界面如图 4.42 所示。

点云数据读取成功后，同样需要采用 PL 命令绘制所需计算土方的区域，要求同 DTM 法的“根据坐标数据文件计算”相同，此步不再赘述。

计算区域划定好后，用鼠标点取“工程应用（C）”菜单下“DTM 法土方计算”子菜单中的“根据图上高程点”计算选项，具体操作路径如图 4.43 所示。

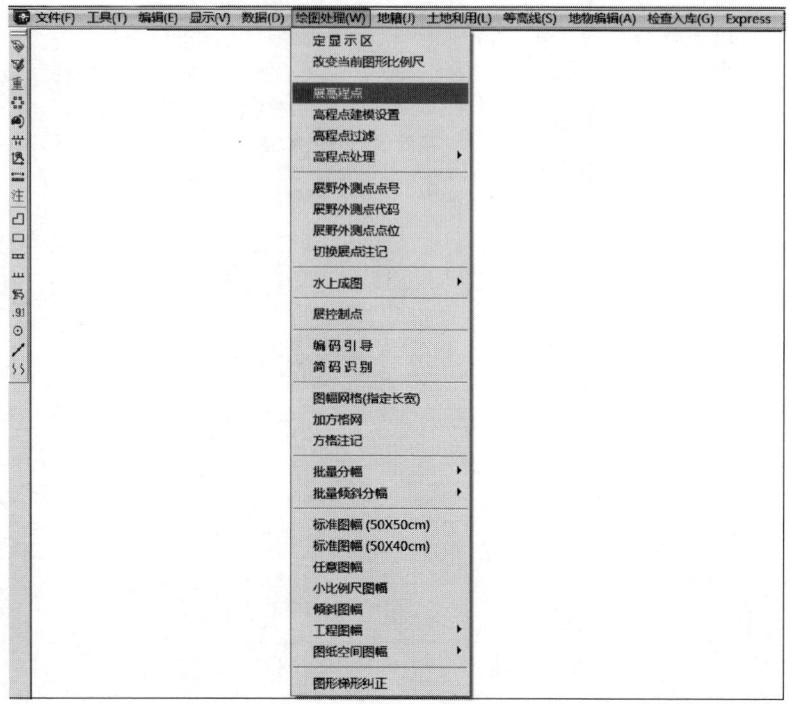

图 4.38　“展高程点”路径

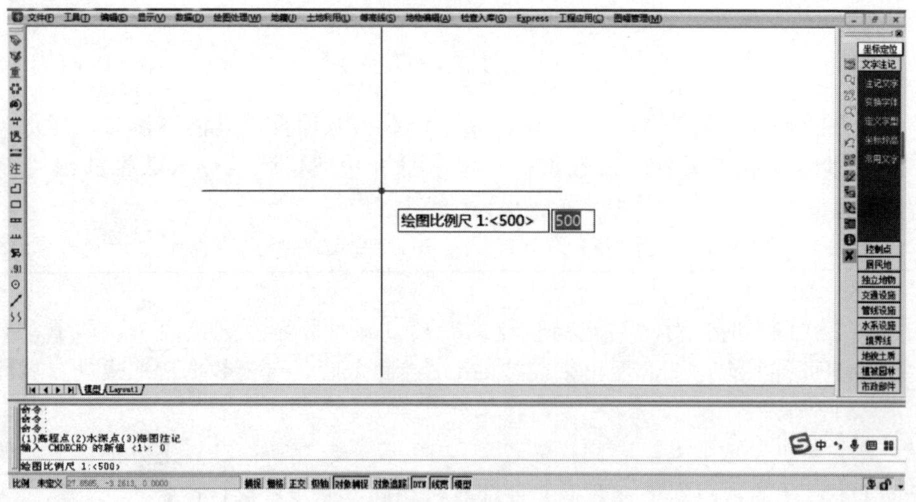

图 4.39　绘图比例尺设置

图 4.40　读入点云数据

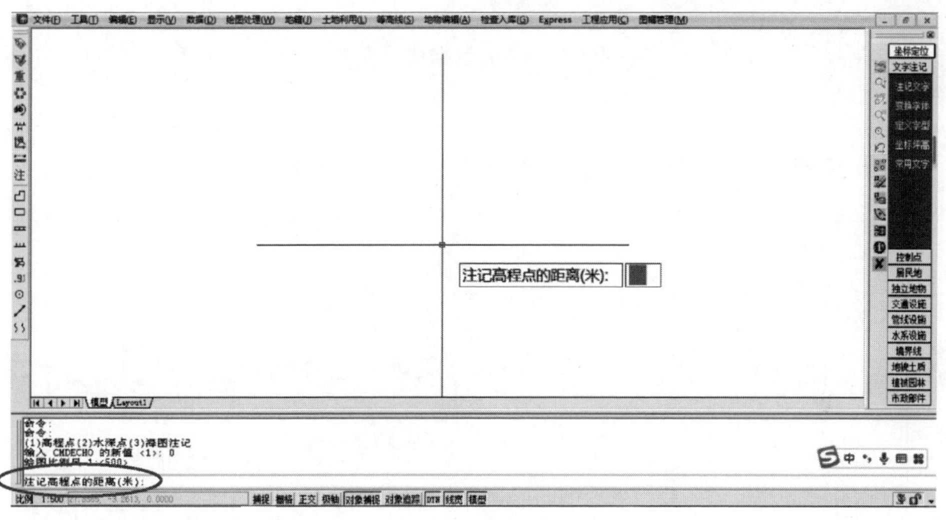

图 4.41　注记高程点的距离（米）命令

单击“根据图上高程点”选项，并选择计算区域边界线后，屏幕上同样会弹出土方计算参数设置对话框，如图 4.44 所示。

“DTM 土方计算参数设置”与前面“根据坐标数据文件计算”法计算土方的设置相同，即设置平场标为 30 米，其他选项选择默认值。单击确定选项后，命令行即给出土方的计算量，计算结果如图 4.45 所示。

单击确定按钮后，软件会提示“请指定表格的左下角位置”，其操作与“根据坐标数据文件计算”法相同。另外，填挖方分界线的显示、dtmtf.log 文件的保存及查看等均与“根据坐标数据文件计算”法相同。

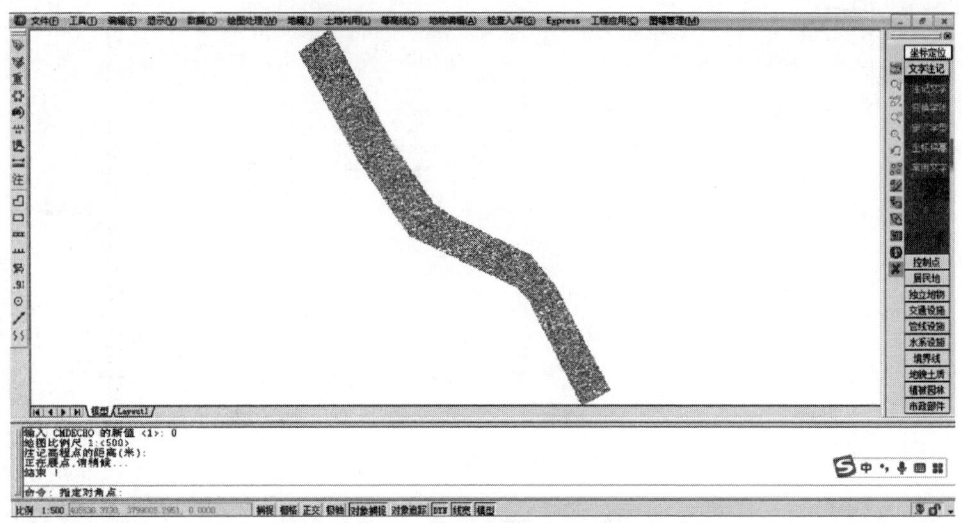

图 4.42　点云数据读取成功

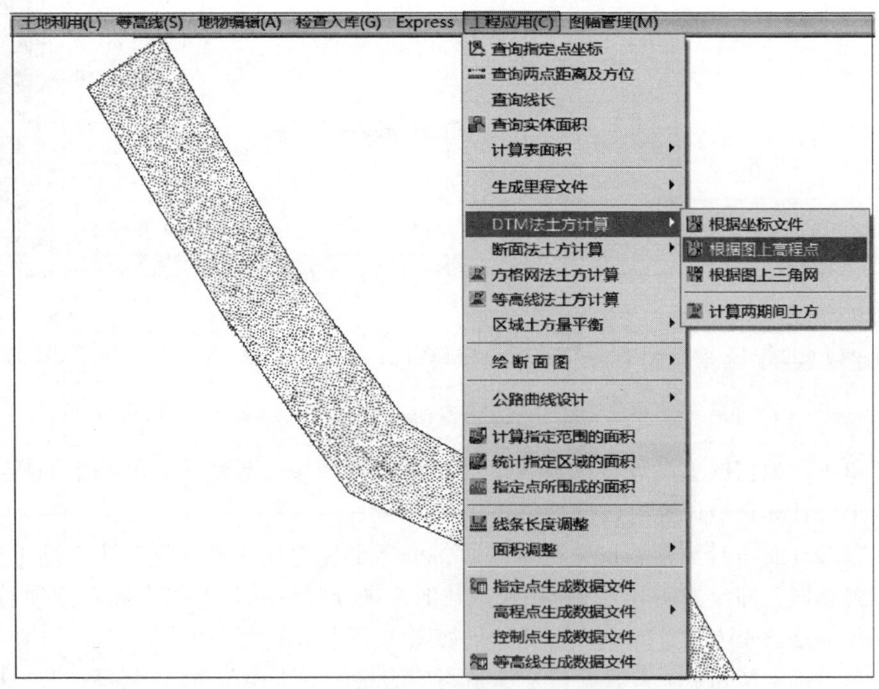

图 4.43　“根据图上高程点”计算路径

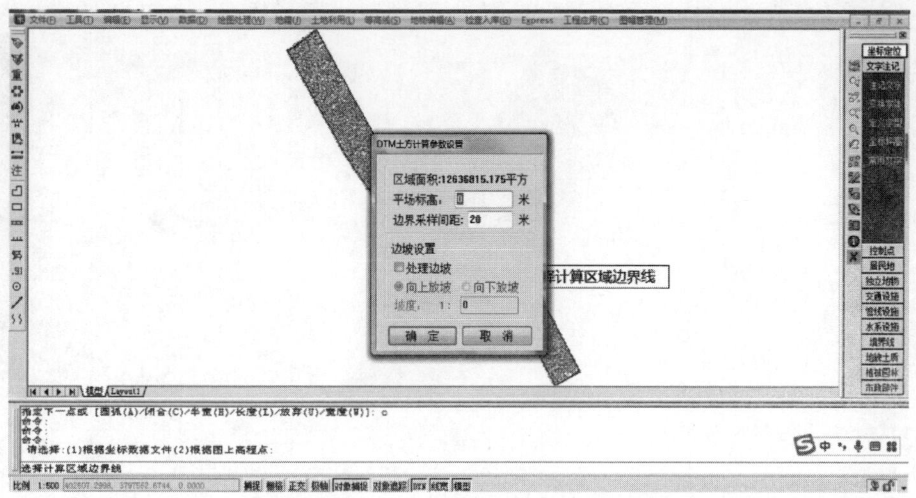

图 4.44 “DTM 土方计算参数设置”对话框

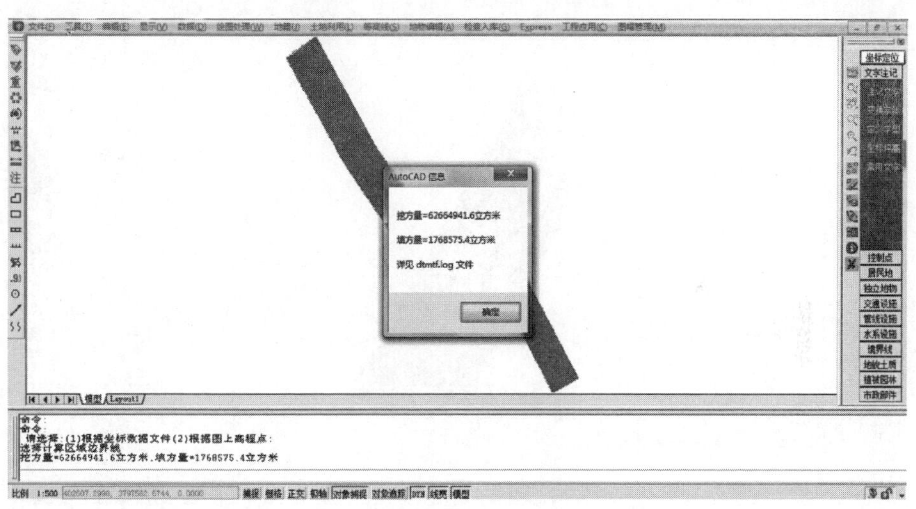

图 4.45 根据图上高程点进行 DTM 法土方计算的计算结果

3. 根据图上三角网计算

使用此方法进行土方计算时，首先建立 DTM 模型，此步骤与“根据坐标数据文件计算”法相同。由于建立 DTM 模型过程中软件会自动在三维空间内将高程点连接为带坡度的三角形，因此可直接采用图上已有的三角形，无需重建三角网。DTM 模型生成的三角网如图 4.46 所示。

DTM 模型生成后，单击“工程应用（C）”菜单下“DTM 法土方计算”子菜单中的“根据图上三角网”计算选项，屏幕上会出现如图 4.47 所示对话框。

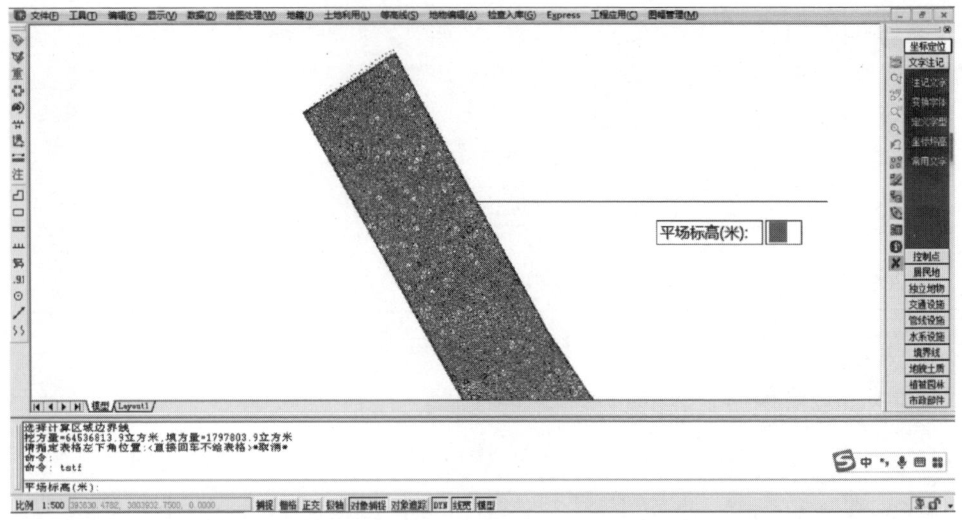

图 4.46 DTM 模型生成的三角网

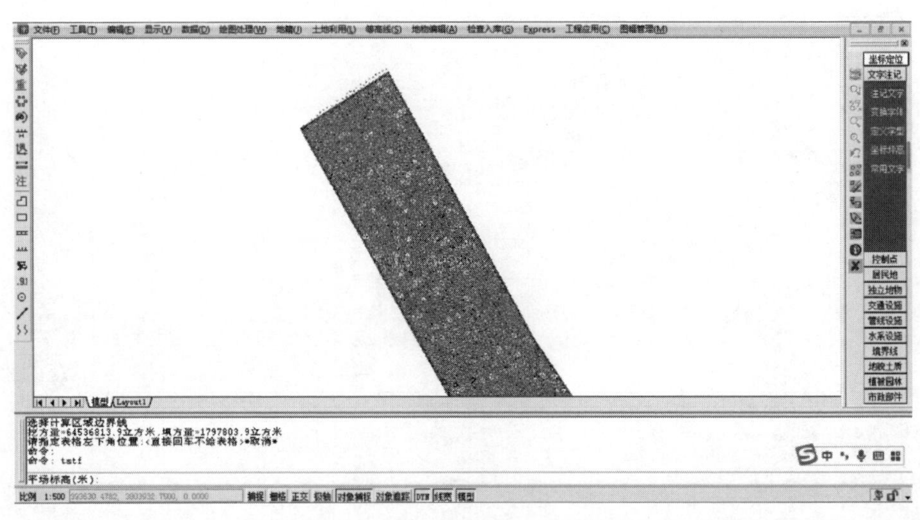

图 4.47 “平场标高（米）” 对话框

“平场标高（米）” 即输入平整的目标高程。与前两种方法相同，本次计算仍然输入平常标高为 30 米。输入 30 米，按 enter 键后，屏幕上会提示：请在图上选取三角网。用鼠标在图上选取三角形，可以逐个选取也可拉框批量选取。值得注意的是：用此方法计算土方量时不要求给定区域边界，因为系统会分析所有被选取的三角形，因此在选择三角形时一定要注意不要漏选或多选，否则计算结果有误，且很难检查出问题所在。本书操作时，采用拉框批量选取三角网的方法，以避免误操作，具体操作如图 4.48 所示。

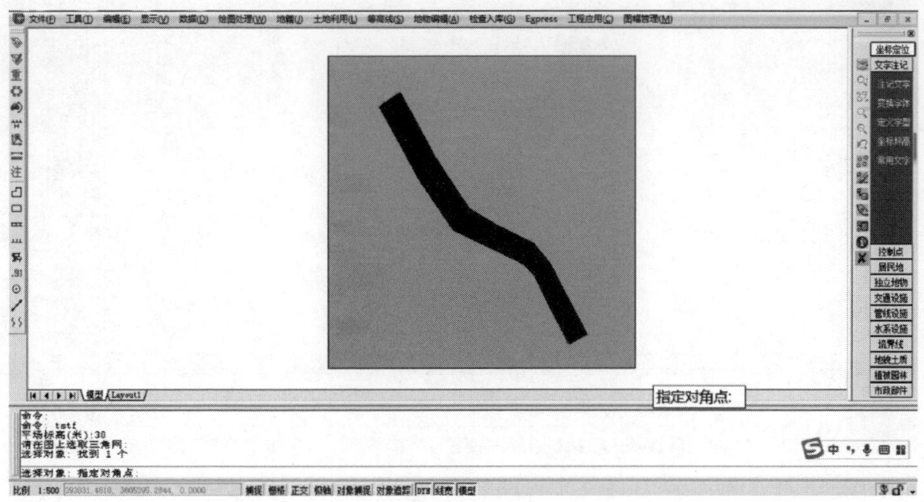

图 4.48　拉框批量选取三角网

三角网选取后按 enter 键，屏幕上出现填挖方结果的提示框，同时得到所分析的三角网、填挖方分界线等信息，如图 4.49 和图 4.50 所示。

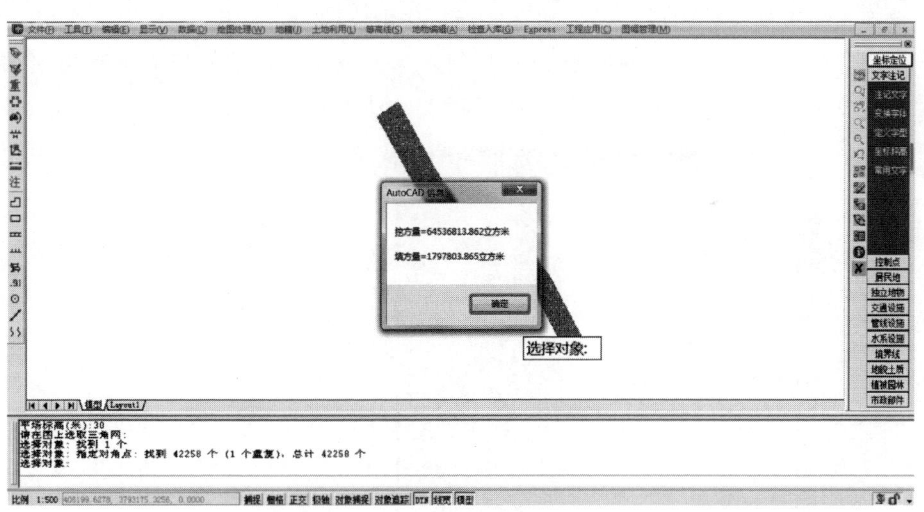

图 4.49　根据图上三角网进行 DTM 法土方计算的计算结果

4.3.2　方格网法土方量计算

由方格网计算土方量是根据实地测定的地面点坐标（X，Y，Z）和设计高程，通过生成方格网来计算每一个方格内的填挖方量，最后累计得到指定范围内填方和挖方的土方量，并绘出填挖方分界线。

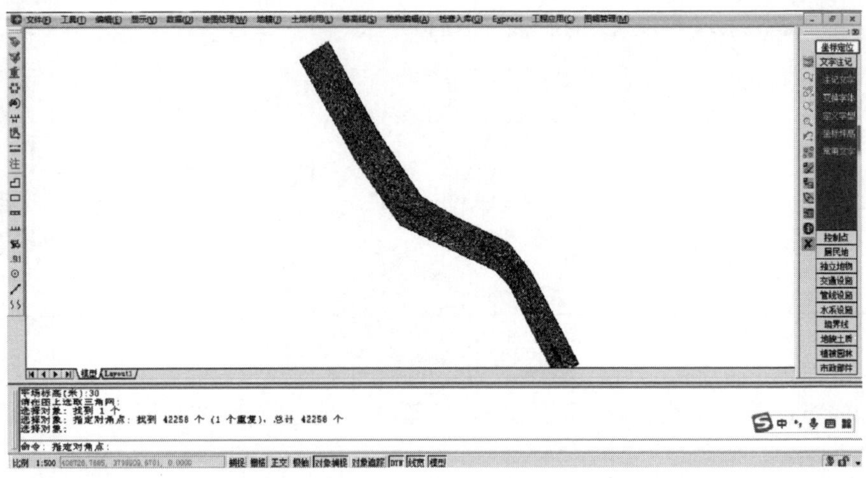

图 4.50　根据图上三角网法计算得到的填挖方分界线

系统首先将方格的四个角上的高程相加（如果角上没有高程点，通过周围高程点内插得出其高程），取平均值及设计高程相减。然后通过指定的方格边长得到每个方格的面积，再用长方体的体积计算公式得到填挖方量。方格网法简便直观，易于操作，因此这一方法在实际工作中应用非常广泛。

用方格网法计算土方量，首先需要读入点云数据，可通过定显示区或者展野外测点点号等方式，读入点云数据，如图 4.51 所示。

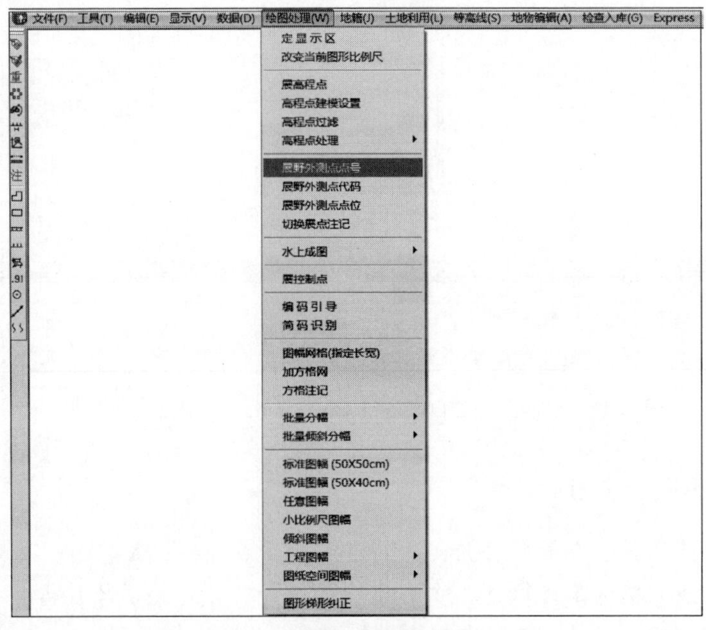

图 4.51　读入点云数据路径

点云数据读入后，采用与前文相同的方法，即用 PL 命令绘制出计算区域。计算区域划定后，选择“工程应用（C）\方格网法土方计算”命令，当选定计算区域边界线后，屏幕上会出现如图 4.52 所示的对话框。

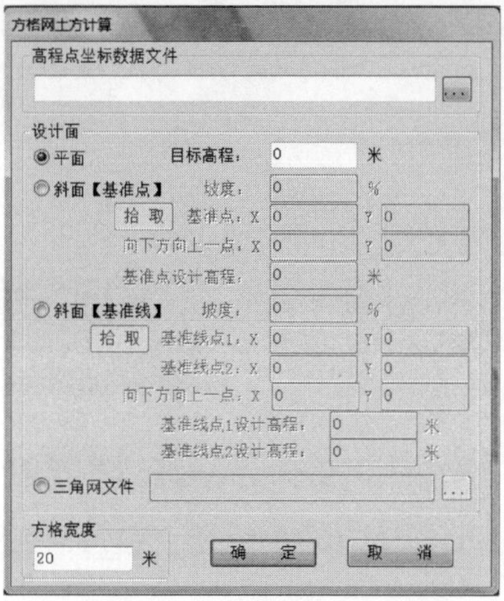

图 4.52 方格网法土方计算参数设置对话框

从图 4.52 可以看出，用方格网法计算土方量，设计面可以是平面，也可以是斜面，还可以是三角网。本次计算假定设计面为平面，目标高程取为 30 米。在“方格宽度”栏，输入方格网的宽度，默认值为 20 米。由原理可知：方格的宽度越小，计算精度越高。但如果数值太小，超过了野外采集的点的密度是没有实际意义的，本次计算取其默认值，即 20 米。所有参数设置完成后，选取坐标点高程文件，点云文件读取如图 4.53 所示。

图 4.53 读取点云文件

左键单击打开选项，并在随后出现的对话框中，单击确定按钮，此时系统会自动进行土石方量的计算。计算完成后，命令行会显示土石方量，需要注意的是，采用此法进行计算，计算完成后，点云图会变得很小，需放大后才能观察到，具体如图 4.54 和图 4.55 所示。

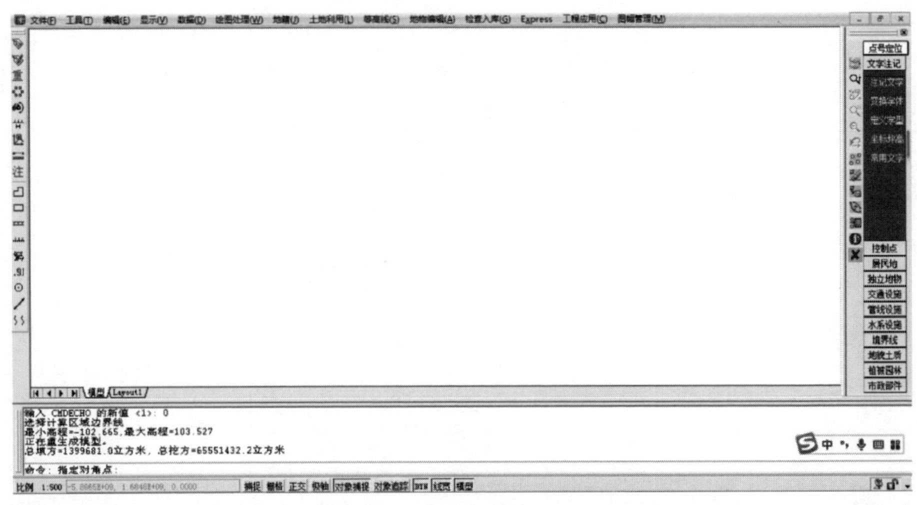

图 4.54　方网格法计算土方量

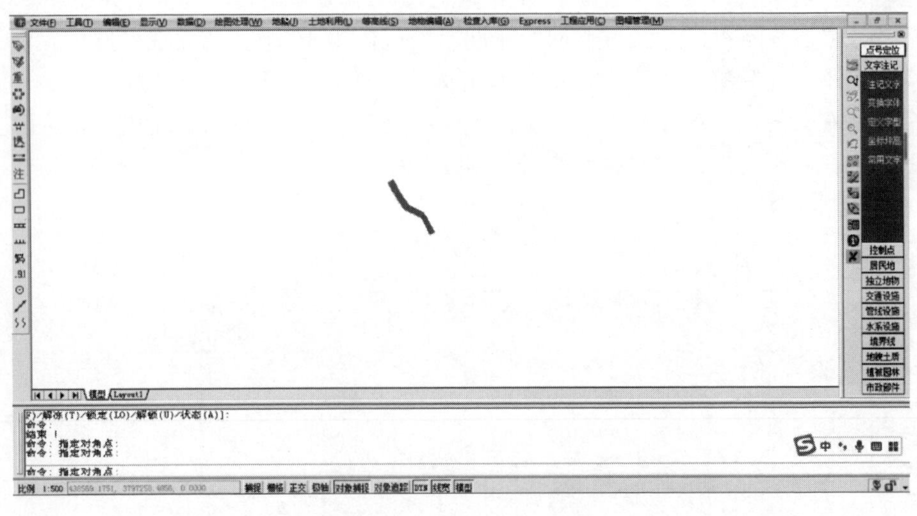

图 4.55　方网格法计算后放大的点云图

4.3.3　等高线法土方量计算

用户将白纸图扫描矢量化后可以得到图形，但这样的图都没有高程数据文件，所以无法用前面的几种方法计算土方量。

一般来说，这些图上都会有等高线，所以，CASS软件开发了由等高线计算土方量的功能。

此功能可计算任两条等高线之间的土方量，但所选等高线必须闭合。由于两条等高线所围面积可求，两条等高线之间的高差已知，可求出这两条等高线之间的土方量。

用等高线法计算土方量，需要生成等高线图，具体步骤如下：

(1) 展高程点。用鼠标左键点取“绘图处理”菜单下的“展高程点”，将会弹出数据文件的对话框，找到“点云8000.dat”数据文件，选择“确定”，命令区提示：“注记高程点的距离（米）”，直接回车，表示不对高程点注记进行取舍，全部展出来。

(2) 建立DTM模型。用鼠标左键点取“等高线”菜单下“建立DTM”，弹出如图4.56所示对话框。

根据需要选择建立DTM的方式和坐标数据文件名，本次计算选择“由数据文件生成”选项，坐标数据文件名仍然选择“点云8000.dat”文件；然后选择建模过程是否考虑陡坎和地性线，本次计算不考虑陡坎和地性线，直接单击“确定”，模型设置参数如图4.57所示。

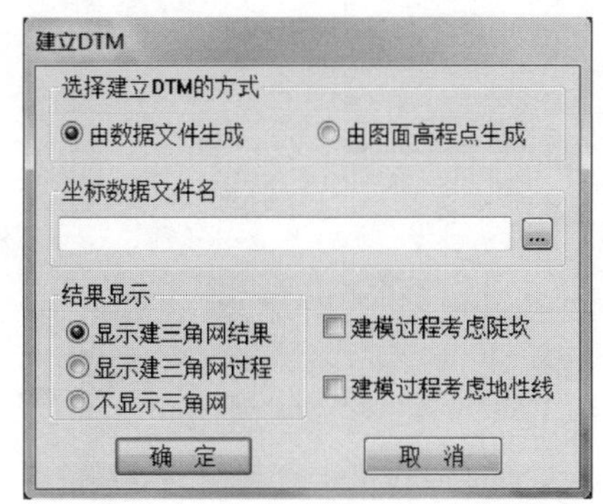

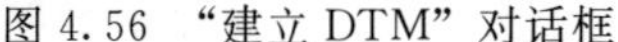
图4.56 “建立DTM”对话框

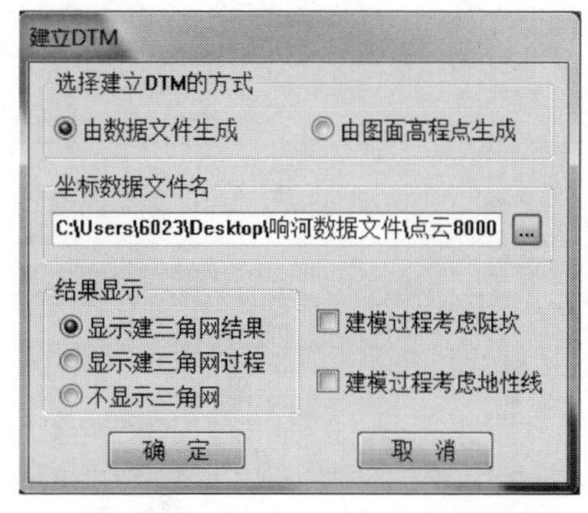

图4.57 生成DTM模型设置

单击图4.57对话框中的确定选项后，生成如图4.58所示的DTM模型。

(3) 绘等高线。鼠标左键点取“等高线(S)/绘制等值线”，弹出如图4.59所示对话框。

输入等高距并选择拟合方式，最后单击“确定”，本次计算选择默认值。单击确定选项后，系统马上绘制出等高线。选择“等高线(S)”菜单下的“删三角网”，此时屏幕显示如图4.60所示。

等高线绘制好后，点取“工程应用(C)”下的“等高线法土方计算”选项。

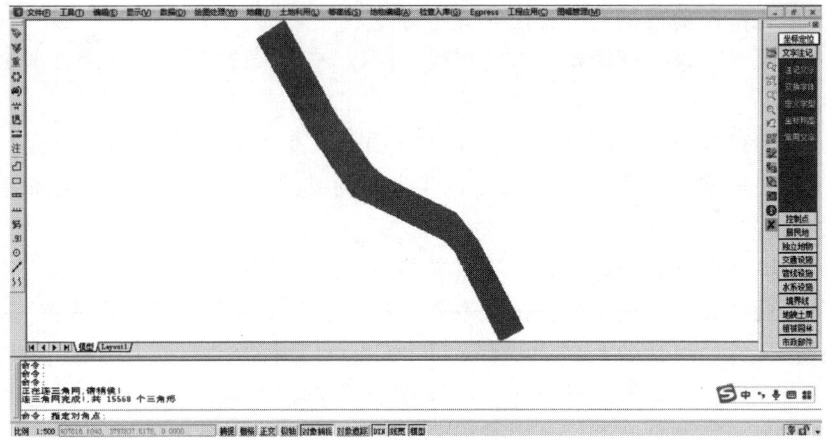

图 4.58　建立 DTM 模型

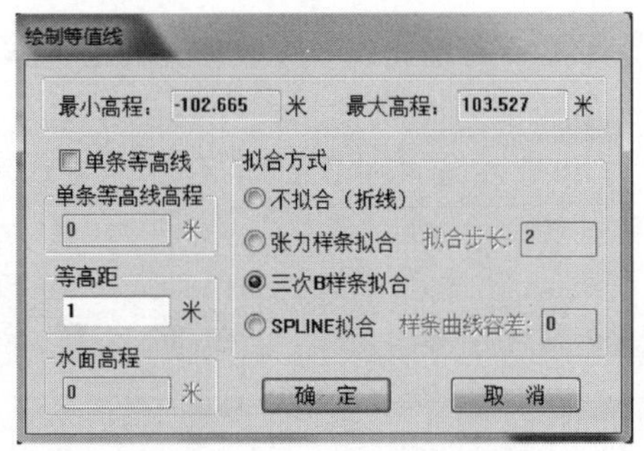

图 4.59 “绘制等值线”对话框

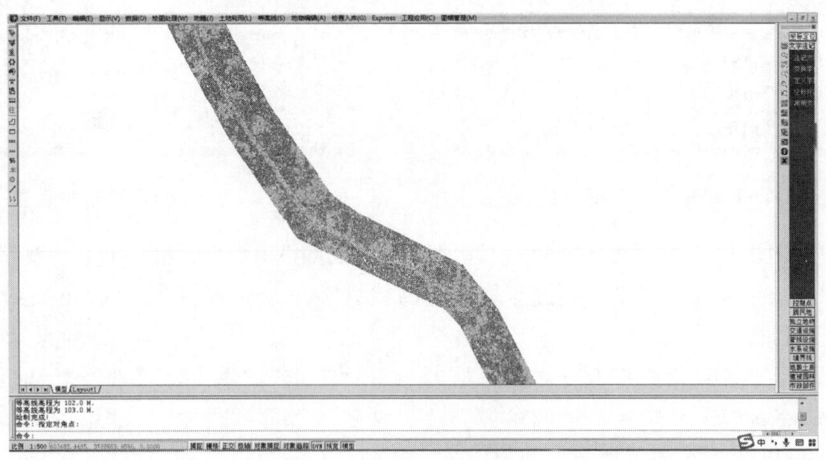

图 4.60　绘制等高线

屏幕提示：选择参与计算的封闭等高线可逐个点取参及计算的等高线，也可按住鼠标左键拖框选取，只有封闭的等高线才有效，等高线图如图 4.61 所示。

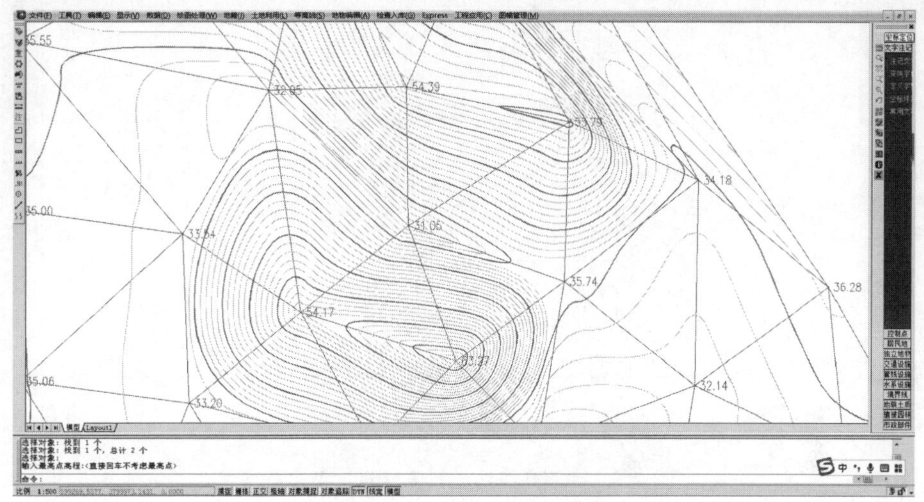

图 4.61　选择两条闭合的等高线

回车后屏幕提示：“输入最高点高程：〈直接回车不考虑最高点〉”。选择回车，屏幕弹出如图 4.62 所示总方量消息框。

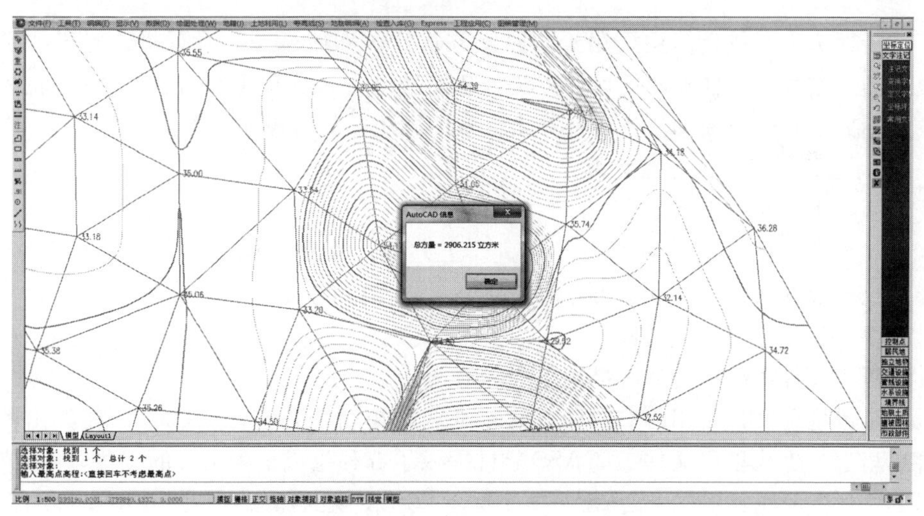

图 4.62　等高线法土方计算总方量消息框

回车后屏幕提示：“请指定表格左上角位置：〈直接回车不绘制表格〉”。在图上空白区域单击鼠标右键，系统将在该点绘出计算成果表格，等高线法土方计算表如图 4.63 所示。

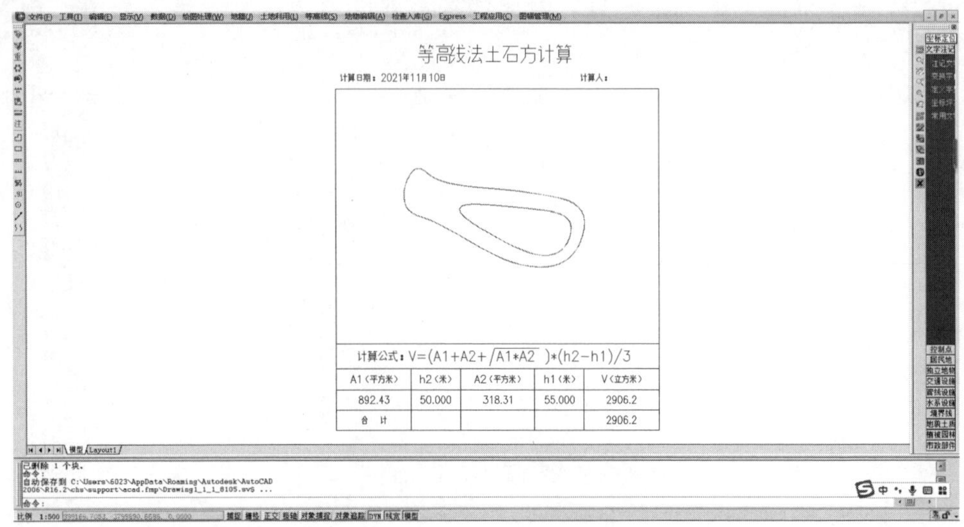

A1（平方米）	h2（米）	A2（平方米）	h1（米）	V（立方米）
892.43	50.000	318.31	55.000	2906.2
合　计				2906.2

图 4.63 “等高线法土石方计算”消息框

从表格中可看到每条等高线围成的面积和两条相邻等高线之间的土方量以及计算公式等。

4.3.4 断面法土方量计算

断面法土方量计算主要用于公路土方量计算和区域土方量计算，对于特别复杂的地方可以用任意断面设计方法。断面法土方量计算主要有：道路断面法、场地断面法和任意断面法三种计算土方量的方法，具体操作步骤如下：

1. 道路断面法土方量计算

第一步：导入点云数据。

导入点云数据，具体方法与等高线土方量计算法相同，即通过定显示区，导入点云数据文件，在此不再过多赘述。

第二步：生成里程文件。

里程文件用离散的方法描述了实际地形。

生成里程文件常用的有四种方法，点取菜单“工程应用（C）”，在弹出的菜单里选“生成里程文件”，CASS 软件提供了五种生成里程文件的方法，“生成里程文件”菜单如图 4.64 所示。本书只提供“由纵断面线生成”里程文件的具体操作步骤，其他的方法读者可参考 CASS 软件的使用教程自行操作及验证。

在使用“由纵断面线生成法”生成里程文件之前，事先用复合线绘制出纵断面线，如图 4.65 所示。

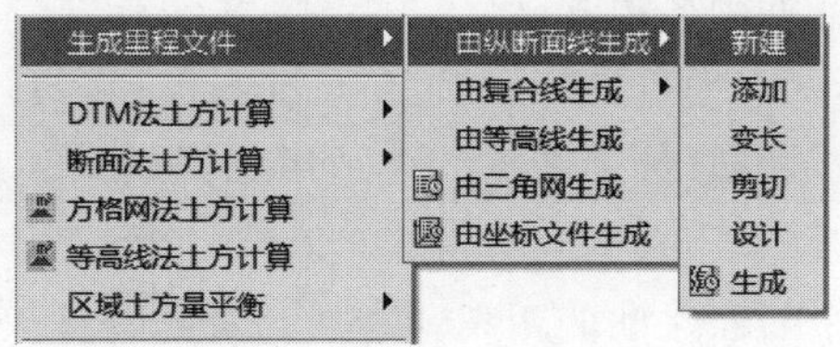

图 4.64　生成里程文件菜单

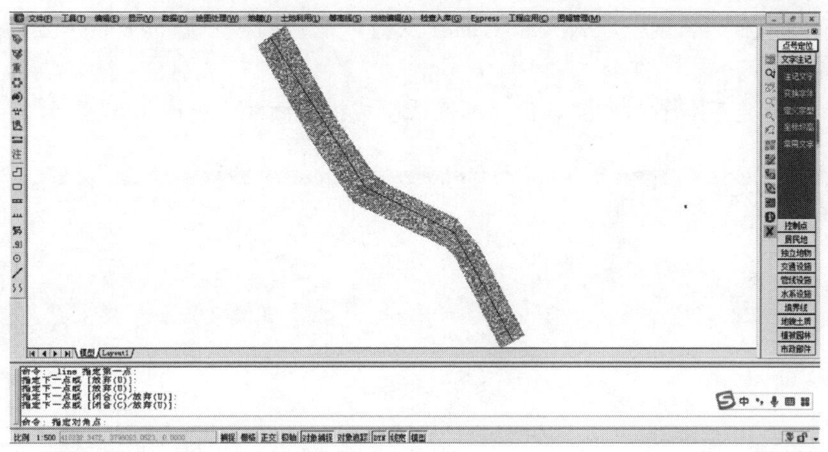

图 4.65　生成纵断面线

纵断面线生成后，用鼠标依次点取“工程应用（C）\生成里程文件\由纵断面线生成\新建”。此时屏幕会提示：请选取纵断面线，用鼠标点取所绘纵断面线弹出如图 4.66 所示对话框。

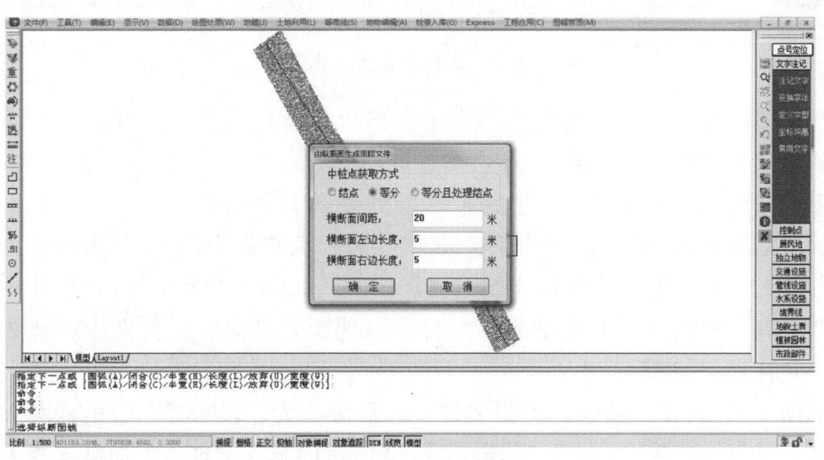

图 4.66　由纵断面线生成里程文件对话框

生成里程文件对话框中各项含义：

中桩点获取方式："结点"表示结点上要有断面通过；"等分"表示从起点开始用相同的间距；"等分且处理结点"表示用相同的间距且要考虑不在整数间距上的结点。

横断面间距：两个断面之间的距离，本次计算此处输入 500。

横断面左边长度：输入大于 0 的任意值，但不宜过大，否则断面图会挤到一起，从而显示不清晰，本次计算此处输入 25。

横断面右边长度：输入大于 0 的任意值，该值同样不宜过大，本次计算此处输入 25。

单击确定后，软件则自动沿纵断面线生成横断面线，如图 4.67 所示。

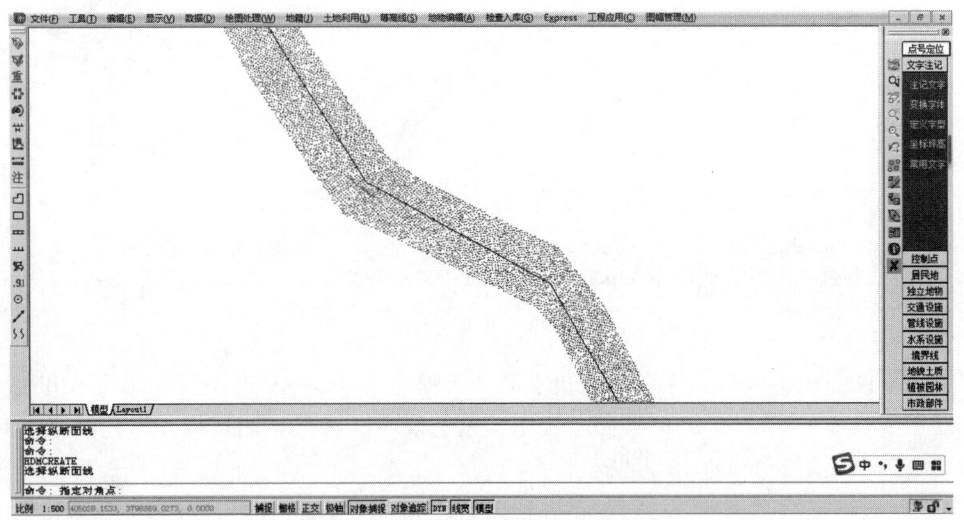

图 4.67　由纵断面线生成横断面线

横断面线生成后，还需单击"生成"按钮，以生成里程文件，为后续操作做装备，具体操作路径如图 4.68 所示。

单击"生成"选项后，会生成如图 4.69 所示对话框。

此对话框表示需读入三个文件，其中"高程点数据文件名"，表示需读入高程点的点云文件，对于本次操作读入"点云 8000.dat"文件即可；"生成的里程文件名"和"里程文件对应的数据文件名"两项，则需在文件夹中，新建两个文件，具体操作如图 4.70 所示。

如图 4.70 所示，新建的里程文件，其后缀应为".hdm"，而里程对应的数据文件，其后缀应为".dat"。单击图 4.70 所示的读入文件（上面有三点的）按钮，读入相应文件，读入结果如图 4.71 所示。

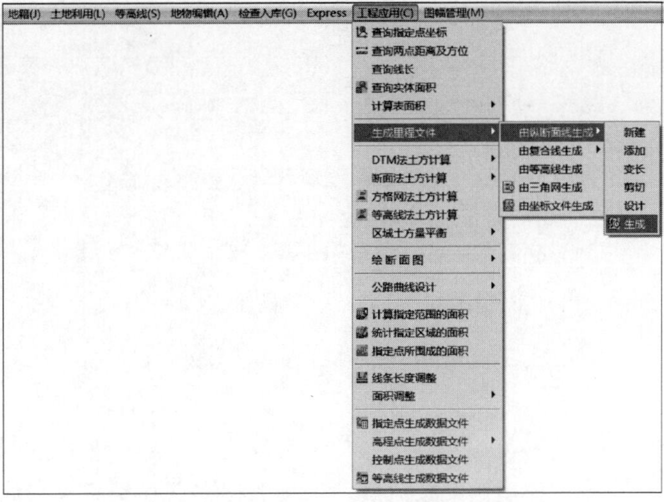

图 4.68 生成里程文件操作路径

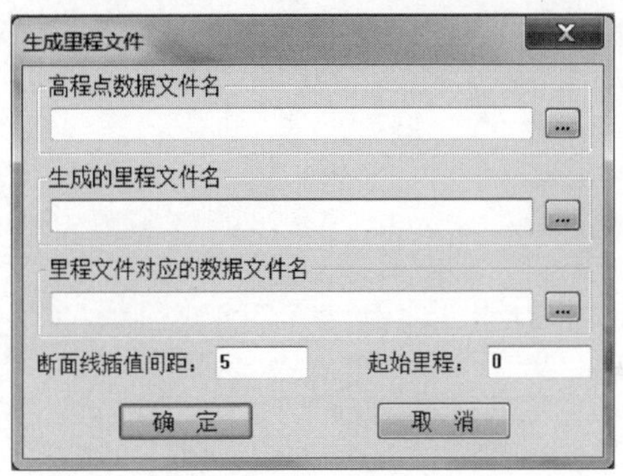

图 4.69 “生成里程文件”对话框

图 4.70 新建里程文件及里程对应数据文件

图 4.71 读入里程文件

单击图 4.71 中的“确定”按钮后，里程数据即保存到相应文件中，文件内容如图 4.72 和图 4.73 所示。

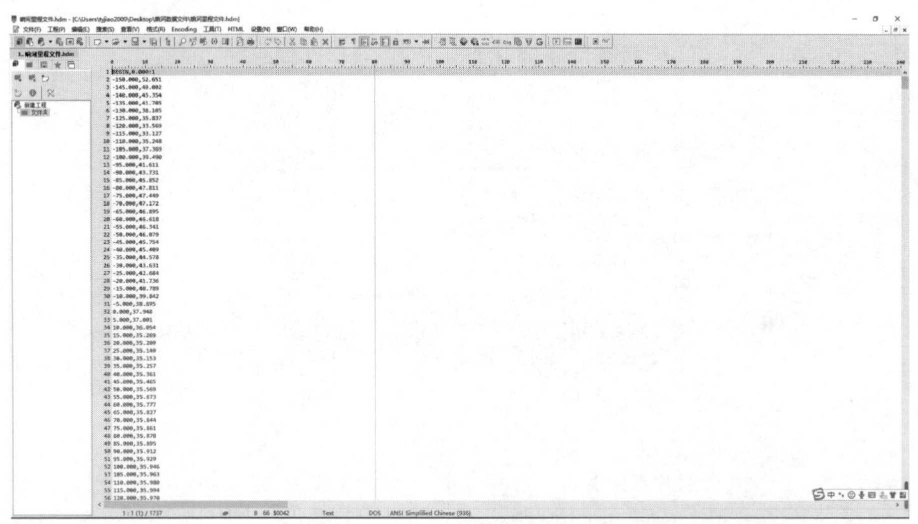

图 4.72 响河里程文件内容

第三步：选择土方计算类型。

鼠标依次点取“工程应用（C）\ 断面法土方计算 \ 道路断面”，具体操作路径如图 4.74 所示。

单击后弹出参数对话框，道路断面的初始参数都可以在此设置，“断面设计参数”输入对话框如图 4.75 所示。

第四步：给定计算参数。

接下来在对话框中输入道路的各种参数。首先选择里程文件，单击确定左边的按钮，出现“选择里程文件名”的对话框。选定第二步生成的里程文件，如图 4.76 所示。

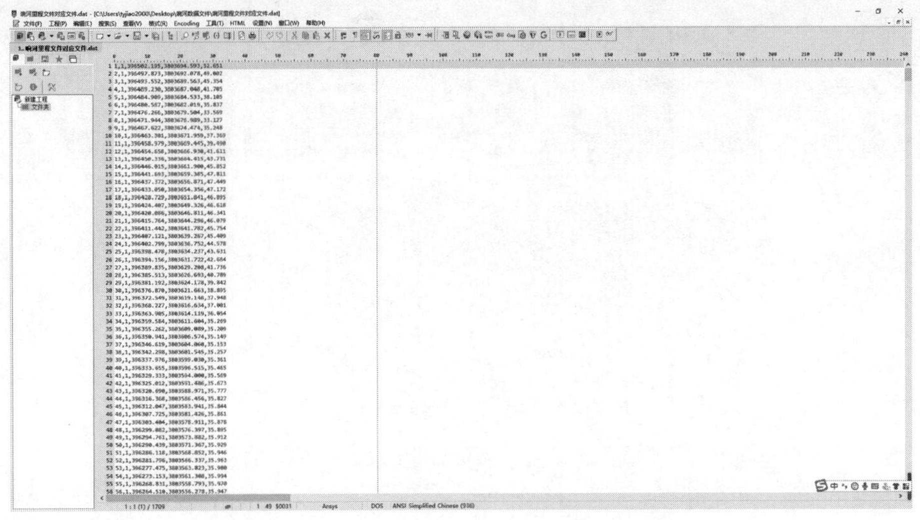

图 4.73　响河里程文件对应的数据文件内容

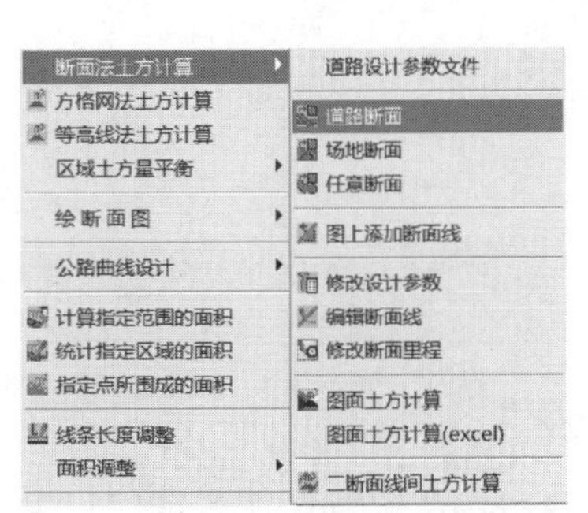

图 4.74　断面土方计算子菜单

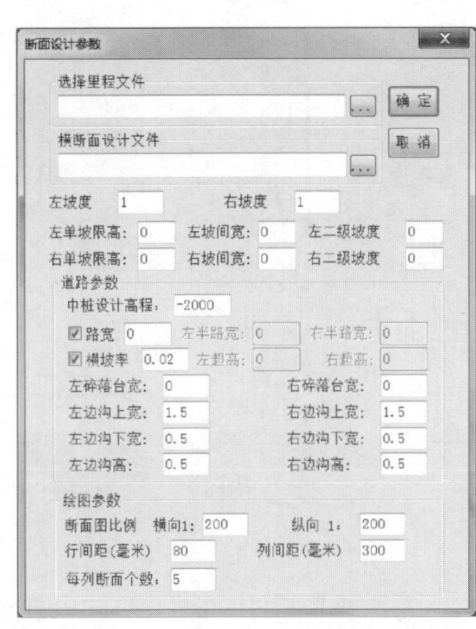

图 4.75　“断面设计参数”输入对话框

横断面设计文件：横断面的设计参数可以事先写入到一个文件中单击“工程应用（C）\断面法土方计算\道路设计参数设置”，弹出如图 4.77 所示输入界面。

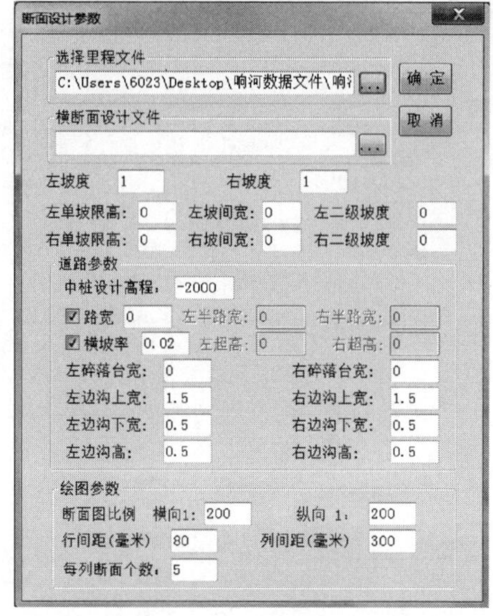

图 4.76 读入里程文件

道路设计参数设置

	横断面序号	中桩高程	左坡度1:	右坡度1:	左宽	右宽	横坡率	左超高
1	1	35	1	1	20	20	0.02	0
2	2	35	1	1	20	20	0.02	0
3	3	35	1	1	20	20	0.02	0
4	4	35	1	1	20	20	0.02	0
5	5	35	1	1	20	20	0.02	0
6	6	35	1	1	20	20	0.02	0
7	7	35	1	1	20	20	0.02	0
8	8	35	1	1	20	20	0.02	0
9	9	35	1	1	20	20	0.02	0
10	10	35	1	1	20	20	0.02	0
11	11	35	1	1	20	20	0.02	0
12	12	35	1	1	20	20	0.02	0
13	13	35	1	1	20	20	0.02	0
14	14	35	1	1	20	20	0.02	0
15	15	35	1	1	20	20	0.02	0
16								
17								
18								
19								
20								

第1页

打 开　保 存　增 加　删 除　退 出

图 4.77 道路设计参数输入

输入完毕后，单击“保存”，道路设计文件即被保存在路面设计文件中，道路设计参数文件如图 4.78 所示。

道路参数保存后，需读入其参数，同时还需在断面设计参数对话框中，修改中桩设计高程为 35 米及路宽为 40 米，否则计算可能出错，具体参数设置如图 4.79 所示。

单击对话框中的“确定”后，弹出图 4.80 所示“绘制纵断面图”对话框。

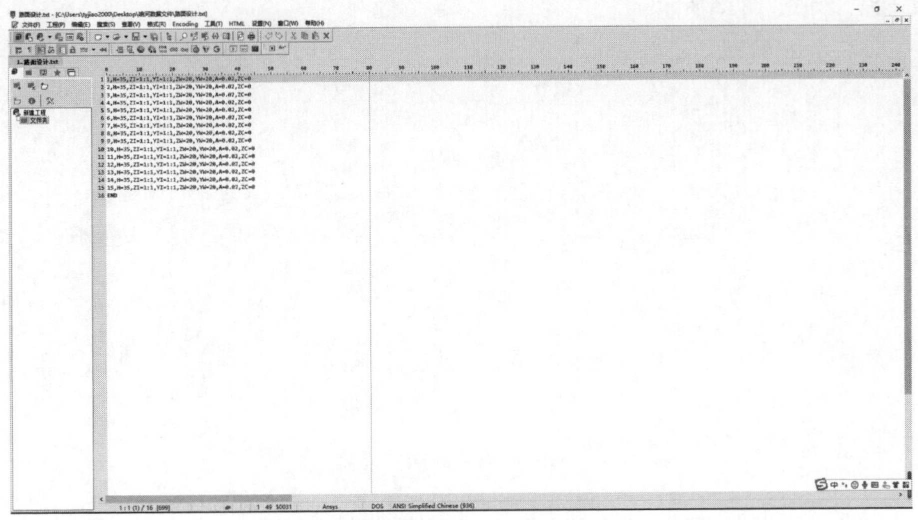

图 4.78　道路设计参数文件

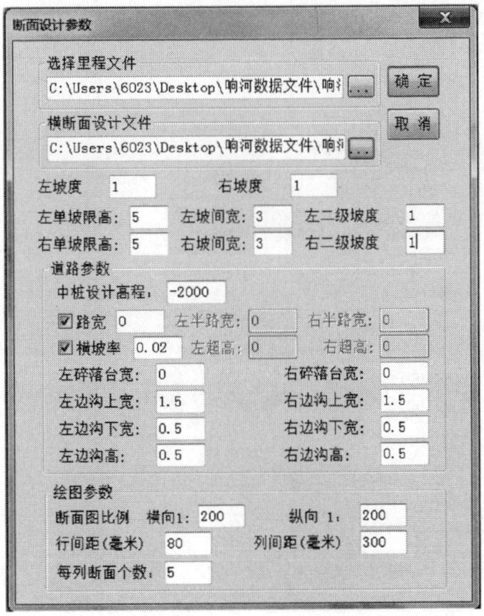

图 4.79　输入设计参数

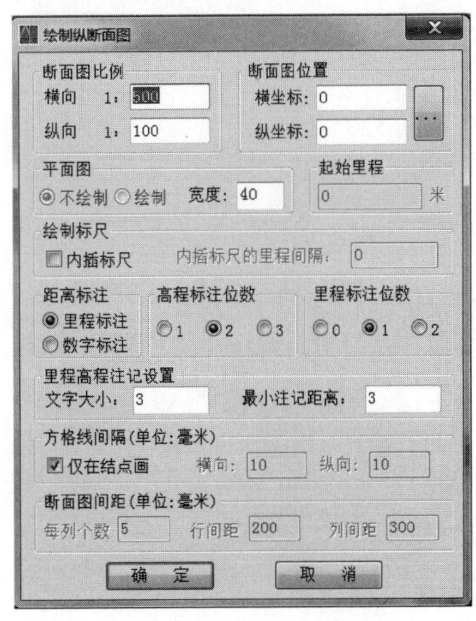

图 4.80　绘制纵断面图设置

本次计算选择默认值，即直接单击“确定”，系统根据默认给定的比例尺，在图上绘出道路的纵断面，至此，图上已绘出道路的纵断面图及每一个横断面图，成果如图 4.81 所示。

第五步：计算工程量。

鼠标依次点取“工程应用（C）\ 断面法土方计算 \ 图面土方计算”，具体操作路径如图 4.82 所示。

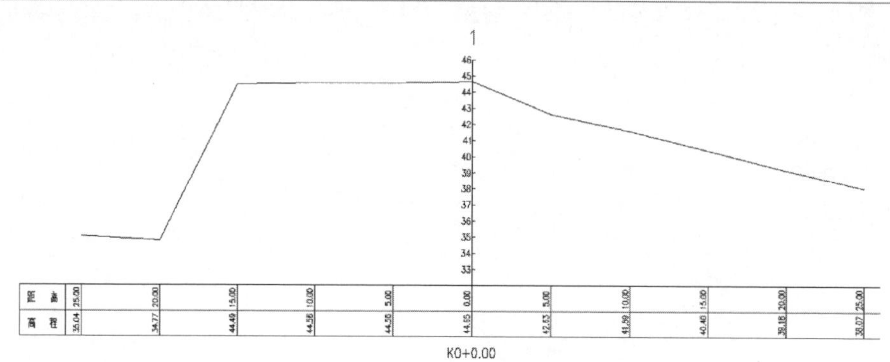

图 4.81　纵横断面图成果

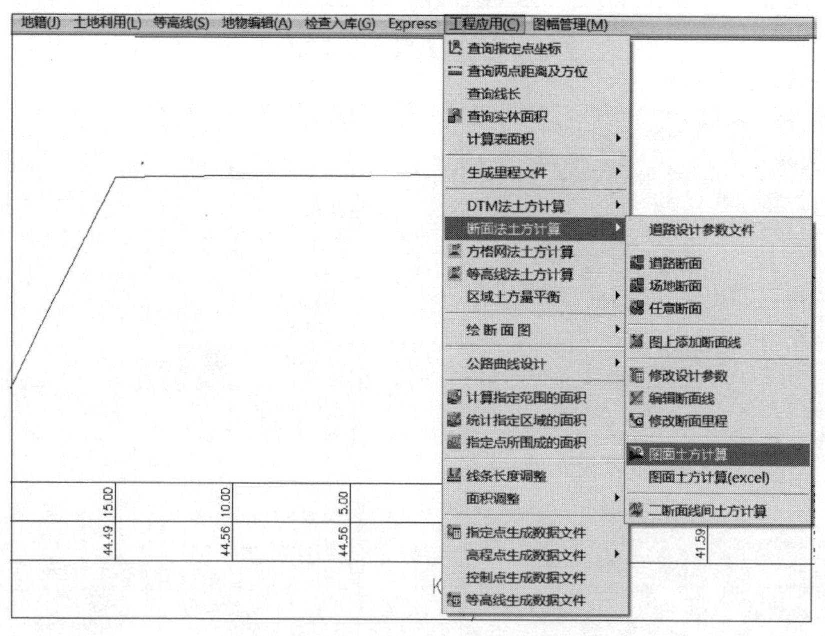

图 4.82　图面土方计算子菜单

单击“图面土方计算”选项，命令行会提示：选择要计算土方的断面图，拖框选择所有参与计算的道路横断面图，如图 4.83 所示。

按 enter 键确定后，屏幕上会显示：指定土石方计算表左上角位置。在屏幕适当位置单击鼠标定点。软件自动在图上绘出土石方计算表，土石方计算表如图 4.84 所示。

并在命令行提示：总挖方＝479997.3 立方米，总填方＝549004.3 立方米。

至此，该区段的道路填挖方量已经计算完成，可以将道路纵横断面图和土石方计算表打印出来，作为工程量的计算结果。

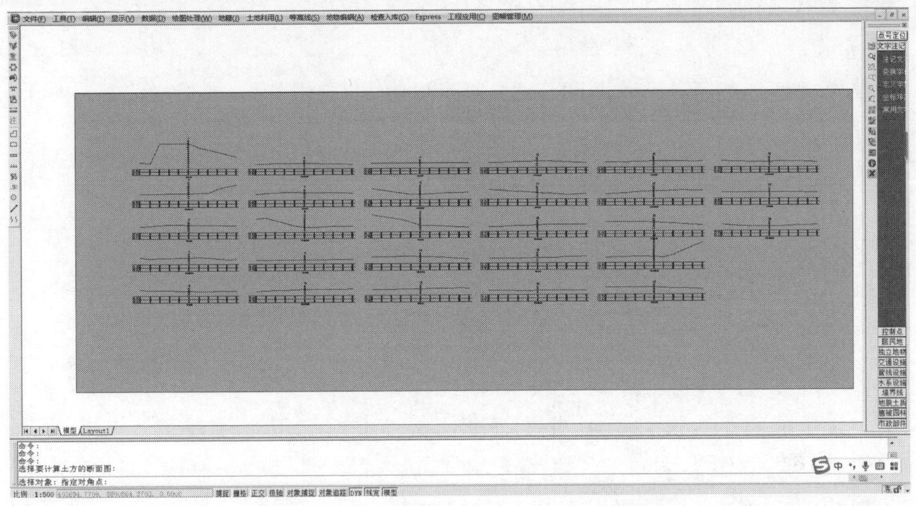

图 4.83　拖框选定参与土方计算的横断面

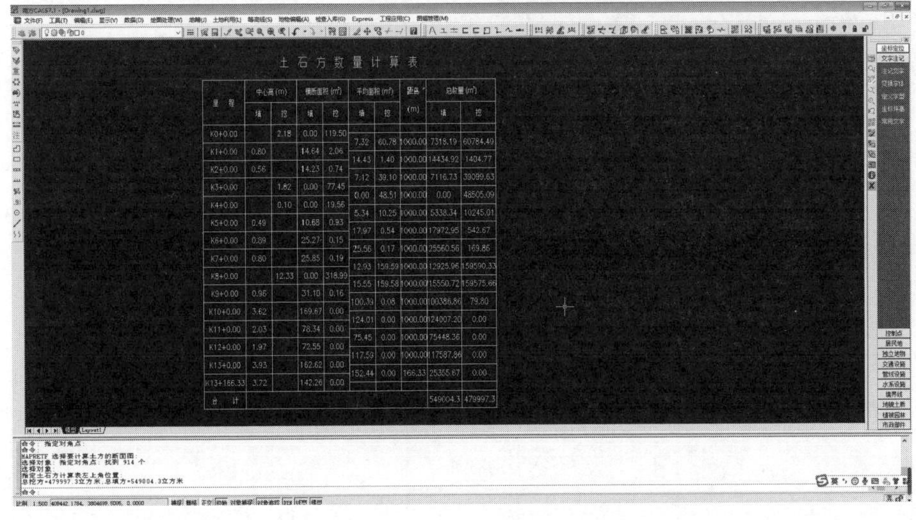

土石方数量计算表

里程	中心高(m)		横断面积(m²)		平均面积(m²)		距离(m)	总数量(m³)	
	填	挖	填	挖	填	挖		填	挖
K0+0.00		2.18	0.00	119.50					
					7.32	60.78	1000.00	7318.19	60784.49
K1+0.00	0.80		14.64	2.06					
					14.43	1.40	1000.00	14434.92	1404.77
K2+0.00	0.56		14.23	0.74					
					7.12	39.10	1000.00	7116.73	39099.63
K3+0.00		1.82	0.00	77.45					
					0.00	48.51	1000.00	0.00	48505.09
K4+0.00		0.10	0.00	19.56					
					5.34	10.25	1000.00	5338.34	10245.01
K5+0.00	0.49		10.68	0.93					
					17.97	0.54	1000.00	17972.95	542.67
K6+0.00	0.89		25.27	0.15					
					25.56	0.17	1000.00	25560.56	169.86
K7+0.00	0.80		25.85	0.19					
					12.93	159.59	1000.00	12925.96	159590.33
K8+0.00		12.33	0.00	318.99					
					15.55	159.58	1000.00	15550.72	159575.66
K9+0.00	0.96		31.10	0.16					
					100.39	0.08	1000.00	100386.86	79.80
K10+0.00	3.62		169.67	0.00					
					124.01	0.00	1000.00	124007.20	0.00
K11+0.00	2.03		78.34	0.00					
					75.45	0.00	1000.00	75448.36	0.00
K12+0.00	1.97		72.55	0.00					
					117.59	0.00	1000.00	117587.86	0.00
K13+0.00	3.93		162.62	0.00					
					152.44	0.00	166.33	25355.67	0.00
K13+166.33	3.72		142.26	0.00					
合计								549004.3	479997.3

图 4.84　土石方计算表

2. 场地断面法土方量计算

第一步：生成里程文件。

在场地的土方量计算中，常用的里程文件生成方法同由纵断面线方法一样，不同是在生成里程文件之前利用“设计”功能加入断面线的设计高程。具体操作流程，读者可查阅 CASS 用户手册。

第二步：选择土方量计算类型。

鼠标依次点取“工程应用（C）＼断面法土方计算＼场地断面”，具体操作路径如图 4.85 所示。

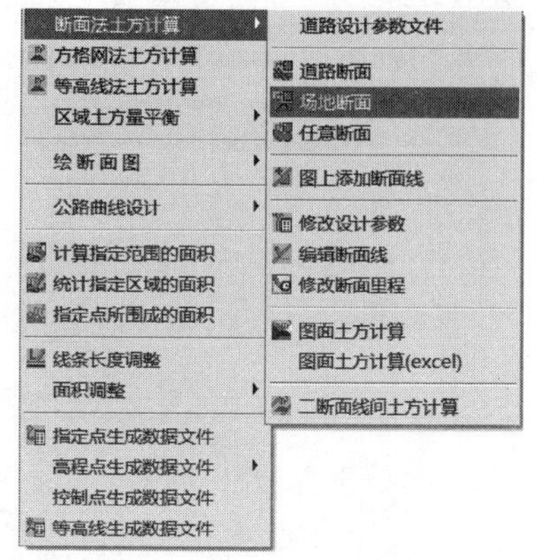

图 4.85　场地断面子菜单

单击“场地断面”，弹出图 4.86 所示“断面设计参数”对话框。

需要注意：此对话框和道路土方计算的对话框不同，在这个对话框中，道路参数全部变灰，不能使用，只有坡度等参数才可用。

第三步：给定计算参数。

断面设计参数对话框中，单击确定左边的按钮，出现“选择里程文件名”的对话框。选定第一步生成的里程文件；把横断面设计文件或实际设计参数填入各相应的位置（注意：单位均为米）；单击“确定”后，屏幕显示“绘制纵断面图”对话框，如图 4.87 所示。

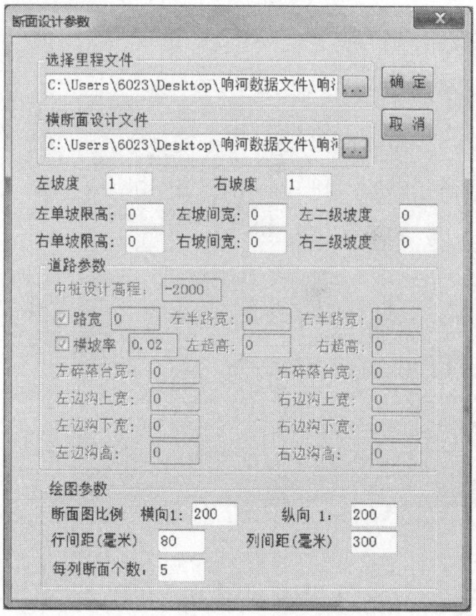

图 4.86　“断面设计参数”对话框

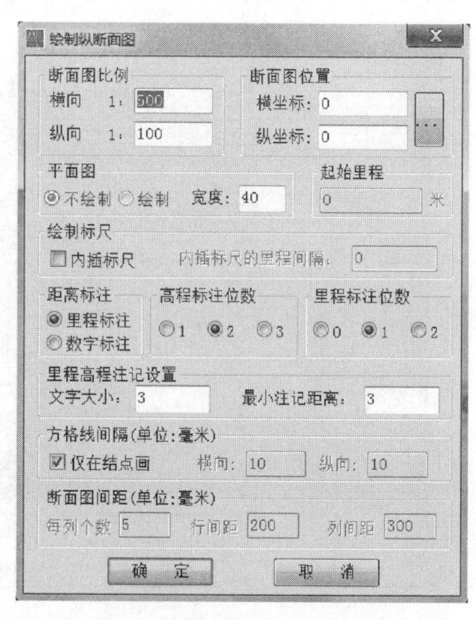

图 4.87　“绘制纵断面图”对话框

单击“确定”后，在图上绘出道路的纵横断面图，结果如图 4.88 所示。

第四步：计算工程量。

鼠标依次点取“工程应用（C）＼断面法土方计算＼图面土方计算”，具体操作路径如图 4.89 所示。

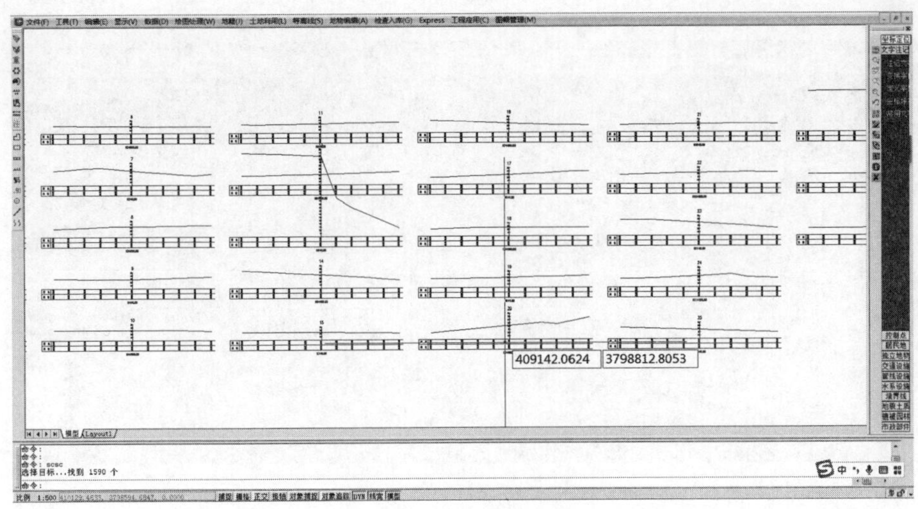

图 4.88　纵横断面图

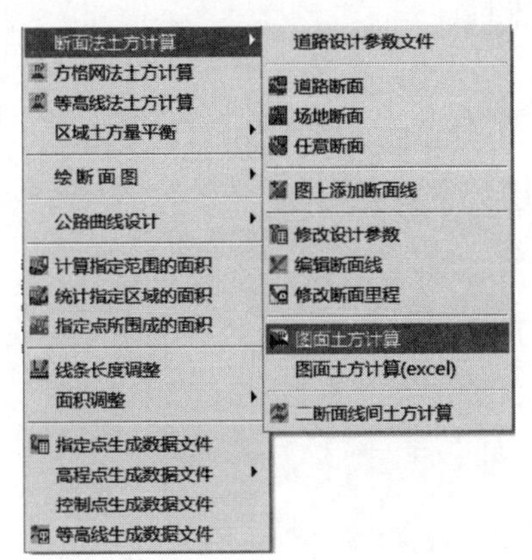

图 4.89　图面土方计算子菜单

单击“图面土方计算”选项，命令行会提示：选择要计算土方的断面图，可拖框选择所有参及计算的道路横断面图。横断面图选定后，命令行提示：指定土石方计算表左上角位置，在适当位置单击鼠标左键，系统自动在图上绘出土石方计算表，土石方计算成果如图 4.90 所示。至此，该区段的道路填挖方量已经计算完成，可以将道路纵横断面图和土石方计算表打印出来，作为工程量的计算结果。

3. 任意断面法土方量计算

第一步：生成里程文件。

生成里程文件有四种方法，根据情况选择合适的方法生成里程文件。

第二步：选择土方量计算类型。

鼠标依次点取“工程应用（C）\ 断面法土方计算 \ 任意断面”，具体操作路径如图 4.91 所示。

单击后弹出如图 4.92 所示“任意断面设计参数”对话框。

在“选择里程文件”中选择第一步中生成的里程文件。左右两边的显示框是对设计道路的横断面的描述，都是从中桩开始向两边描述的。

编辑好道路横断面线后，单击“确定”弹出如图 4.93 所示对话框。

设置好绘制纵断面的参数，单击“确定”，图上已绘出道路的纵断面图，纵

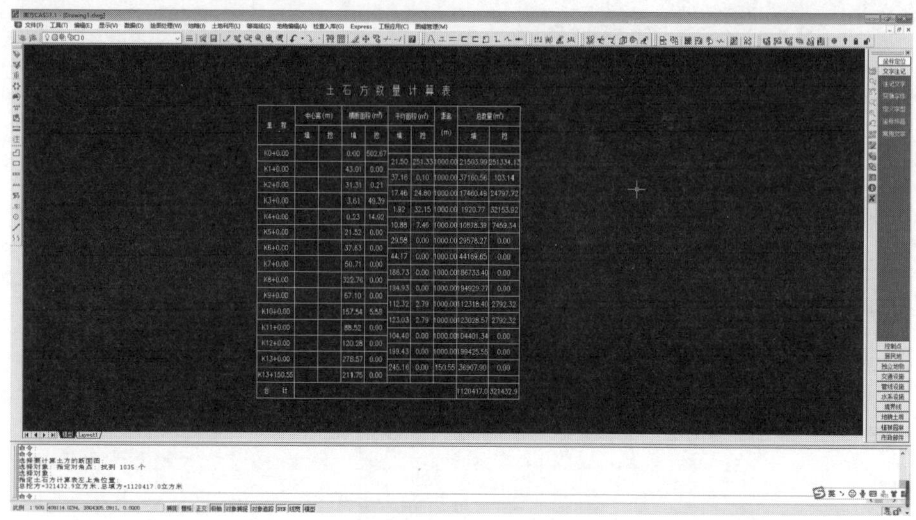

土 石 方 数 量 计 算 表

里程	中心高(m)		横断面积(m²)		平均面积(m²)		距离(m)	总数量(m³)	
	填	挖	填	挖	填	挖		填	挖
K0+0.00			0.00	502.67					
					21.50	251.33	1000.00	21503.99	251334.13
K1+0.00			43.01	0.00					
					37.16	0.10	1000.00	37160.56	103.14
K2+0.00			31.31	0.21					
					17.46	24.80	1000.00	17460.49	24797.72
K3+0.00			3.61	49.39					
					1.92	32.15	1000.00	1920.77	32153.92
K4+0.00			0.23	14.92					
					10.88	7.46	1000.00	10878.39	7459.34
K5+0.00			21.52	0.00					
					29.58	0.00	1000.00	29578.27	0.00
K6+0.00			37.63	0.00					
					44.17	0.00	1000.00	44169.65	0.00
K7+0.00			50.71	0.00					
					186.73	0.00	1000.00	186733.40	0.00
K8+0.00			322.76	0.00					
					194.93	0.00	1000.00	194929.77	0.00
K9+0.00			67.10	0.00					
					112.32	2.79	1000.00	112318.40	2792.32
K10+0.00			157.54	5.58					
					123.03	2.79	1000.00	123028.57	2792.32
K11+0.00			88.52	0.00					
					104.40	0.00	1000.00	104401.34	0.00
K12+0.00			120.28	0.00					
					199.43	0.00	1000.00	199425.55	0.00
K13+0.00			278.57	0.00					
					245.16	0.00	150.55	36907.90	0.00
K13+150.55			211.75	0.00					
合计								1120417.0	321432.9

图 4.90　土石方计算成果表

横断面图成果如图 4.94 所示。

第三步：计算工程量。

土方量的计算与前两种方法相同，不再赘述，土方量计算成果如图 4.95 所示。

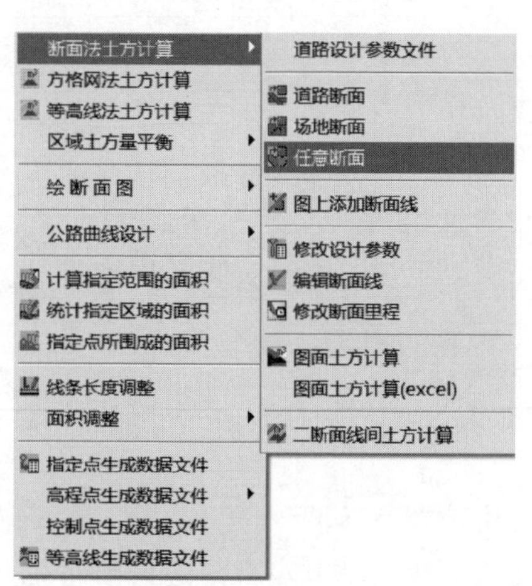

图 4.91　任意断面子菜单

图 4.92　“任意断面设计参数”对话框

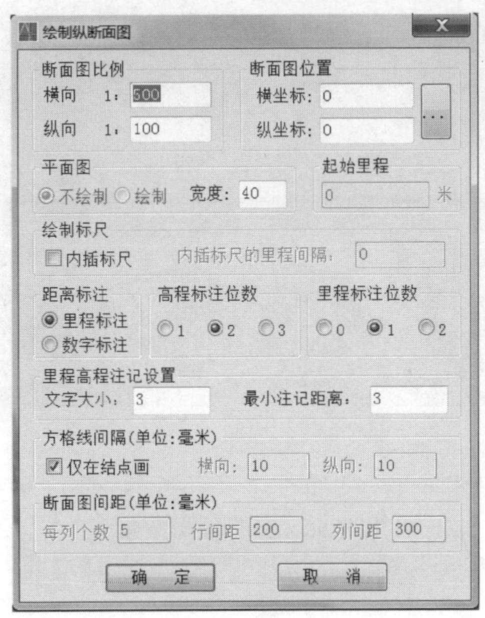

图 4.93 “绘制纵断面图”对话框

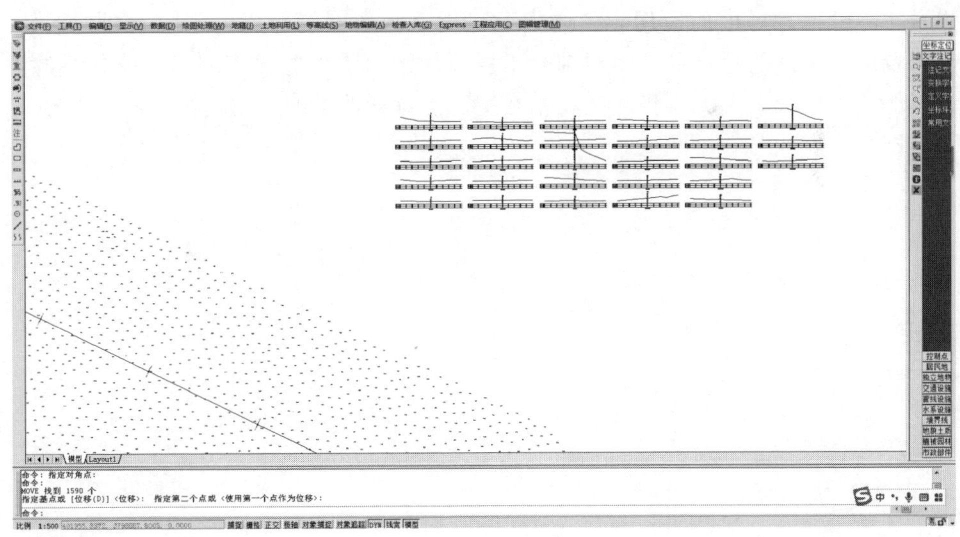

图 4.94 纵横断面图成果

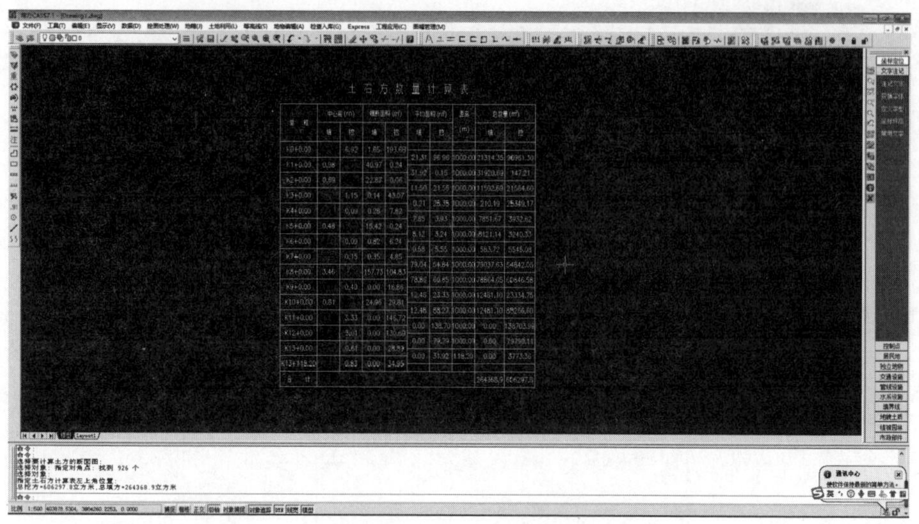

图 4.95 土石方计算成果

4.4 本章小结

本章结合南方 CASS 软件，详细阐述了无人机航测技术在测区表面积计算以及土方开挖计算中的应用。主要内容包括点云数据的导入、测区表面积的计算以及测区土方的计算等。本章结合工程实例给出了相关内容的详细操作步骤，以期为读者熟练掌握无人机航测技术在测区土方开挖中的应用提供帮助和借鉴。

第5章 Wingter无人机工程应用实例

5.1 太湖县风力发电项目地形图航测

5.1.1 项目概况

太湖县位于安徽省西南部大别山区南缘，介于北纬30°09′至30°46′和东经115°45′至116°30′之间。东邻潜山、怀宁，南连望江，西南接宿松，西界湖北蕲春、英山，北毗岳西。东西相距64km，南北相距23km，总面积2032.3km^2。

太湖县属皖西南丘陵低山区，地势西北高东南低。全县山地1242.41km^2，约占61.13%；丘陵490.27km^2，约占24.12%；平原77.37km^2，约占3.80%；水面222.25km^2，约占10.95%。太湖县西北是山区，东南是丘陵，无论山地、丘陵、湖泊，都有丰富的动植物资源。

本项目需完成太湖县风力发电项目1∶2000地形图测绘，在测量的地形图中应标注居民住房、道路、梯田、池塘等地面附着物，为初步确定风机位置提供技术支撑。

5.1.2 项目前期规划

根据航测要求，使用无人机对安徽省太湖县风力发电项目进行航测，对于要求的区域地理信息，进行航测前期规划。前期规划包括对业主要求的航测区域进行初步分析，确定是否满足航测条件。任务前期制订包括以下内容。

1. 地图底图的下载

为防止太湖县风力发电项目现场测量环境的网络信号不稳定而出现连接问题，外业工作前下载好Wingtra脱机使用的地图，离线地图下载如图5.1所示。

2. 创建飞行计划

先确定起飞降落的原点，预设一个起飞降落原点，并设计指定区域（根据Wingtra飞行时长大致确定），到现场后根据起降点位置的净空以及实地情况确定是否需要调整，确保飞行路线上没有明显的障碍物出现，设置转换高度至少50m，飞行计划起飞点设置如图5.2所示。

图 5.1　离线地图下载

图 5.2　飞行计划起飞点设置

为此次飞行计划添加数据采集区域，确定想要到地面的取样距离 627m，调整飞行方向 180°，并增加额外角标，直到划定到业主要求的航测区域，最后调整图片的旁向重叠度，设置旁向重叠度 70%（图 5.3）。

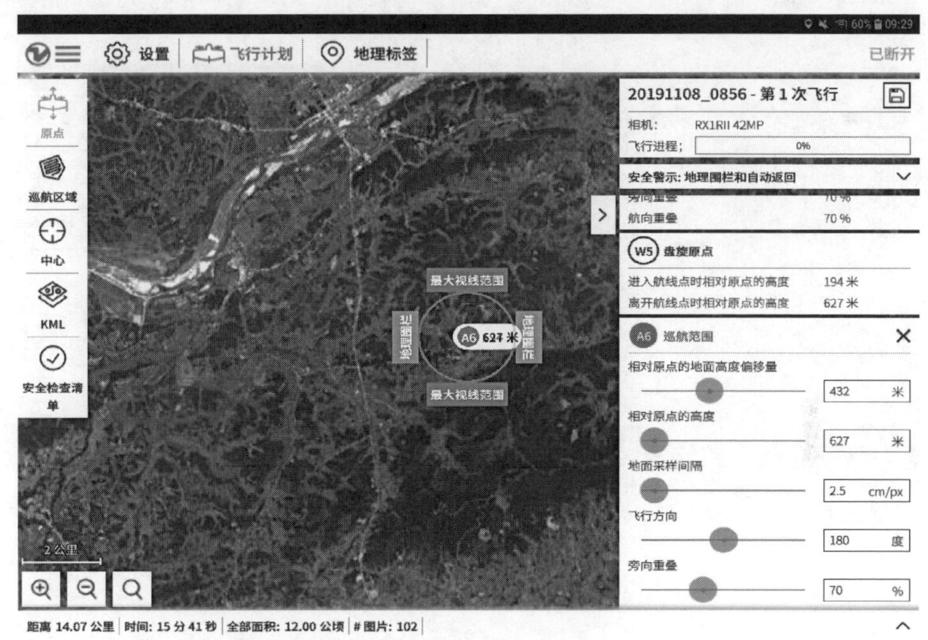

图 5.3　飞行计划巡航范围设置

调整地理围栏，横向区域设置为 1200m，垂直地理围栏设置为 400m（图 5.4）。

5.1.3　外业航测作业

由第 3 章所述 Wingtra 无人机外业航测作业主要分为现场设定飞行、飞行并拍摄照片和图像的处理三部分。

到达太湖县风力发电项目现场之后，安装尾部支架，给 Wingtra 通电，在平板上打开 Wingtra Pilot，把遥测连接到平板，把平板固定在平板卡托上，打开遥控，根据实地地形和土质条件选择合适的起降点，确定好起降点位置后，按照第 3 章所述操作流程准备起飞。该过程需要全程监控，确保飞行顺利进行，现场发射准备如图 5.5 所示。

飞机开始飞行后，仍然需要手持平板对飞行过程进行实时监控，观察 Wingtra 剩余电量和 GPS 质量的信息。

在飞行结束、飞机安全降落后，将采集到的图片保存在相机的 SD 卡中，给图像添加地理位置标签，具体操作流程如下：

图 5.4　飞行计划地理围栏设置

图 5.5　现场发射准备

（1）下载地理标签（图 5.6）。

（2）在平板上对图像进行地理标签。关闭 Wingtra 电源从相机中取出 SD 卡并将卡插入到平板中，单击“开始地理标签”，添加 GPS 信息。

（3）检查并保存图像。

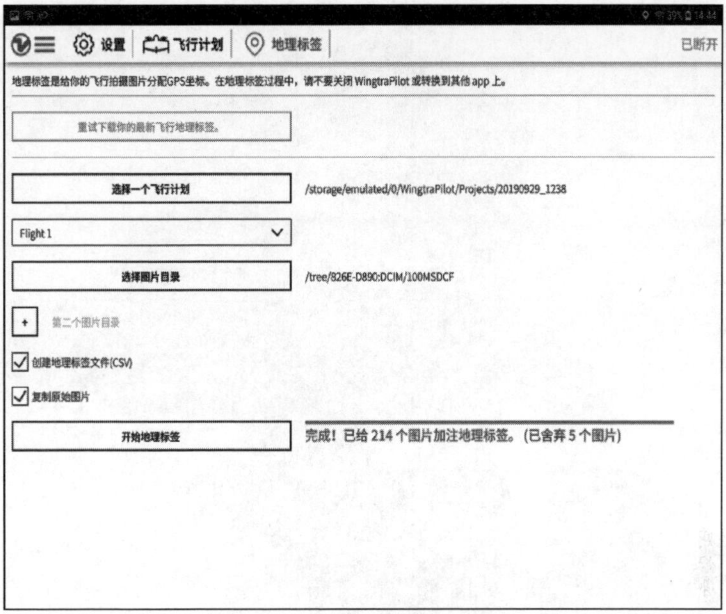

图 5.6 下载地理标签

5.1.4 航测数据处理与成果

1. 飞行数据的整理导入

将整理好的外业航测数据资料导入到 UAS Master 软件中，将外业航测所得影像资料与控制点坐标数据在该软件中进行处理准备。

2. 数字高程模型生成

将图像资料以及测量数据导入到 UAS Master 软件后，首先使用 POS 数据对航摄影像坐标进行自动相对定向、模型连接、航带间转点等，完成自动空中三角测量；然后从影像中提取数字表面模型（DSM），再进行滤波处理得到 DEM；对生成的 DEM 影像进行数字微分纠正，得到正射影像 DOM；最后对正射影像进行拼接和镶嵌匀色，得到影像成果图，安徽省太湖县风力发电项目正射影像如图 5.7 所示。

3. 航测成果生成

在使用 UAS Master 软件之后，生成正射影像图的同时，将航摄影像进行处理得到 .las 格式点云数据。根据本项目航测要求，对点云数据进行抽稀等处理，得到高程点云数据，再通过 Arcgis 和南方 CASS 软件对高程点进行处理，将处在河道、树木、房屋上的高程点进行删除处理，得到地面高程点。张燕屋段等高线成果、张燕屋段横地形分别如图 5.8 和图 5.9 所示。

图 5.7　安徽省太湖县风力发电项目正射影像

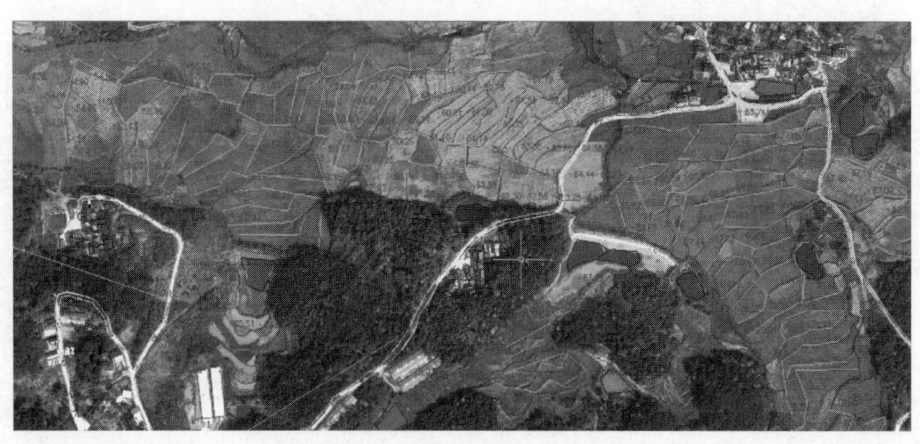

图 5.8　张燕屋段等高线成果

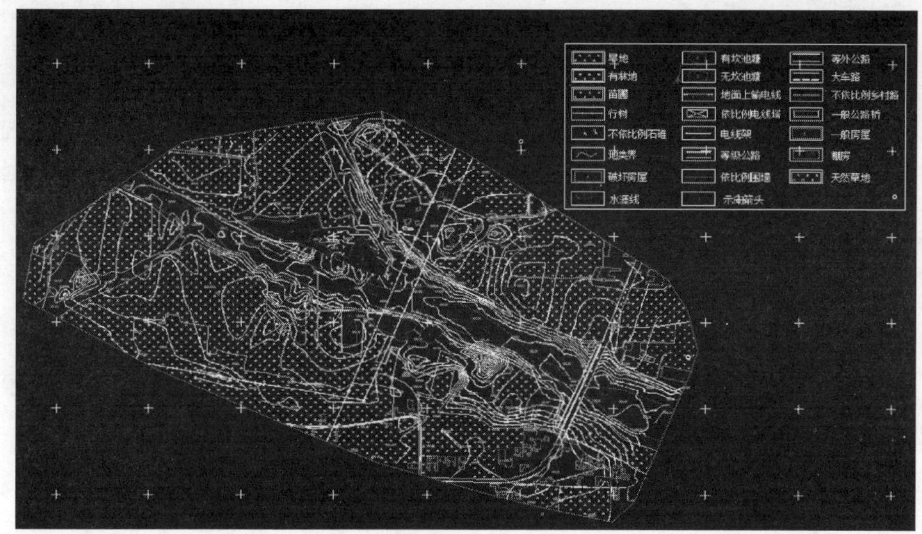

图 5.9 张燕屋段横地形

5.2 坞罗水库地形图航测

5.2.1 项目概况

坞罗水库位于河南省巩义市西村镇坞罗村砖桥附近，是巩义市唯一的一座中型水库，1958 年 4 月开工兴建，于 1960 年 4 月基本建成，后屡经加固完善，已成为一处集调洪、灌溉、饮用、游览为一体的水资源地。水库大坝为梯形土坝，长 450m，高 37.5m，坝顶宽 17m，形成了一条连接坞罗河东、西两岸的平坦大道，坞罗水库控制流域面积为 108km^2，总库容为 1800 万 m^3，兴利库容为 830 万 m^3。水库修有三条灌溉干渠：南干渠、北干渠和中心渠。输水洞高程 215m，可自流灌溉 6000 余亩土地，水库下游还建有一整套的净水、配水系统，通过管道输往市区，是巩义市民的重要水源之一。

该项目需要完成坞罗水库水库 1∶2000 地形图绘制工作，在测量的地形图中应标注水工建筑物、林地、水库等地面附着物。

5.2.2 项目前期规划

根据业主航测要求，使用无人机对巩义坞罗水库进行航测，对于要求范围内坞罗水库的地理信息，进行航测前期规划，包括对业主要求的航测区域进行初步分析，确定是否满足航测条件。

将 Wingtra 运用到坞罗水库航测项目前期规划中，具体规划如下所述。

1. 地图底图的下载

为了防止现场测量环境的网络信号不稳定而出现问题，外业工作前下载好Wingtra脱机使用的地图。

2. 创建飞行计划

先确定起飞降落的原点，预设一个起飞降落原点，并设计指定区域（根据Wingtra飞行时长大致确定），到现场后根据起降点位置的净空以及实地情况确定是否需要调整，确保飞行路线上没有明显的障碍物出现，设置转换高度至少50m。为此次飞行计划添加数据采集区域，确定想要到地面的取样距离550m，调整飞行方向180°，并增加额外角标，直到划定到业主要求的航测区域，最后调整图片的旁向重叠度，设置旁向重叠度60%。调整地理围栏，横向区域设置为1200m，垂直地理围栏设置为400m。

5.2.3 外业航测作业

由第3章所述Wingtra无人机外业航测作业主要分为现场设定飞行、飞行并拍摄照片和图像的处理三部分。

到达坞罗水库勘测项目现场之后，安装尾部支架，给Wingtra通电，在平板上打开Wingtra Pilot，把遥测连接到平板，把平板固定在平板卡托上，打开遥控，根据实地地形和土质条件选择合适的起降点，确定好起降点位置后，按照第3章所述操作流程准备起飞飞机。该过程需要全程监控，确保飞行顺利进行。

飞机开始飞行后，仍然需要手持平板对飞行过程进行实时监控，观察Wingtra关于剩余电量和GPS质量的信息。

在飞行结束、飞机安全降落后，将采集到的图片保存在相机的SD卡中，给图像添加地理位置标签，具体操作流程如下：

(1) 下载地理标签。

(2) 在平板上对图像进行地理标签。关闭Wingtra电源从相机中取出SD卡并将卡插入到平板中，单击“开始地理标签”，添加GPS信息。

(3) 检查并保存图像。

5.2.4 航测数据处理与成果

1. 飞行数据的整理导入

将整理好的外业航测数据资料导入到UAS Master软件中，将外业航测所得影像资料与控制点坐标数据在该软件中进行处理准备。

2. 数字高程模型生成

将图像资料以及测量数据导入到UAS Master软件后，首先使用POS数据对航摄影像坐标进行自动相对定向、模型连接、航带间转点等，完成自动空中三角测量；然后从影像中提取数字表面模型（DSM），再进行滤波处理得到DEM；对生成的DEM影像进行数字微分纠正，得到正射影像DOM；最后对正射影像进行拼接和镶嵌匀色，得到影像成果图，坞罗水库正射影像如图5.10所示。

3. 航测成果生成

在使用UAS Master软件之后，生成正射影像图的同时，将航摄影像进行处理得到.las格式点云数据。根据本项目航测要求，对点云数据进行抽稀等处理，得到高程点云数据，再通过Arcgis和南方CASS软件对高程点进行处理，将处在河道、树木、房屋上的高程点进行删除处理，得到地面高程点。坞罗水库地形如图5.11所示。

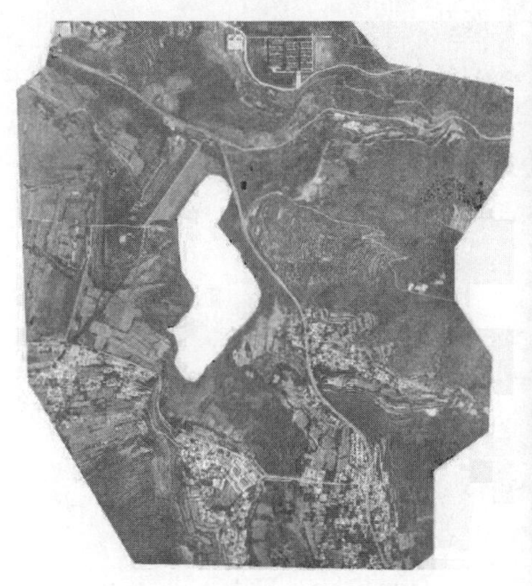

图5.10 坞罗水库正射影像

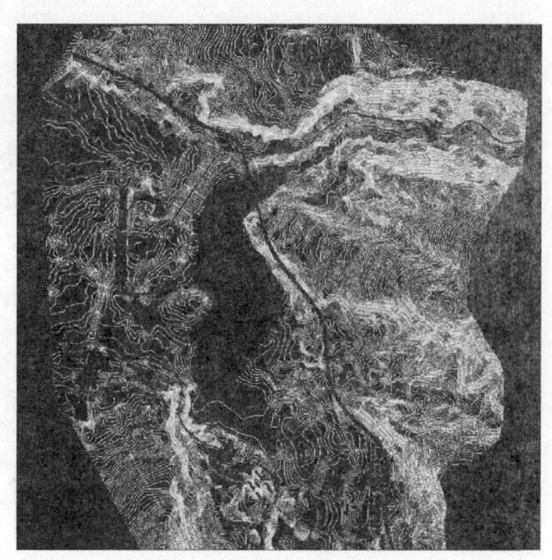

图5.11 坞罗水库地形

5.3 乌海白石头沟三维建模

5.3.1 项目概况

乌海拟建抽水蓄能电站上水库位于甘德尔山白石头沟附近。甘德尔山位于黄河海勃湾水利枢纽工程库区东侧，濒临黄河，居于乌海市的中心位置，主峰海拔高度约1805m，相对高差513m。为建设乌海抽水蓄能电站，应业主要求，对白石头沟进行航测并建立三维视图模型，以便清晰了解白石头沟的地形地物信息。

5.3.2 项目前期规划

根据业主航测要求，对乌海白石头沟使用无人机进行航测。对于要求范围内白石头沟的地理信息，进行航测前期规划，包括对业主要求的航测区域进行初步分析，确定是否满足航测条件。

将 Wingtra 运用到白石头沟航测项目前期规划中，具体规划如下所述。

1. 地图底图的下载

为防止现场测量环境的网络信号不稳定而出现问题，外业工作前下载好 Wingtra 脱机使用的地图。

2. 创建飞行计划

先确定起飞降落的原点，预设一个起飞降落原点，并设计指定区域（根据 Wingtra 飞行时长大致确定），到现场后根据起降点位置的净空以及实地情况确定是否需要调整，确保飞行路线上没有明显的障碍物出现。设置转换高度至少 50m。为此次飞行计划添加数据采集区域，确定想要到地面的取样距离 627m，调整飞行方向 180°，并增加额外角标，直到划定到业主要求的航测区域，最后调整图片的旁向重叠度，设置旁向重叠度 70%。调整地理围栏，横向区域设置为 1200m，垂直地理围栏设置为 400m。

5.3.3 外业航测作业

由第 3 章所述 Wingtra 无人机外业航测作业主要分为现场设定飞行、飞行并拍摄照片和图像的处理三部分。

到达白石头沟勘测项目现场之后，安装尾部支架，给 Wingtra 通电，在平板上打开 Wingtra Pilot，把遥测连接到平板，把平板固定在平板卡托上，然后打开遥控，根据实地地形和土质条件选择合适的起降点，确定好起降点位置后，按照第 3 章所述操作流程准备起飞飞机。该过程需要全程监控，确保飞行顺利进行。

飞机开始飞行后，仍然需要手持平板对飞行过程进行实时监控，观察 Wingtra 关于剩余电量和 GPS 质量的信息。

在飞行结束、飞机安全降落后，将采集到的图片保存在相机的 SD 卡中，给图像添加地理位置标签，具体操作流程如下：

（1）下载地理标签。

（2）在平板上对图像进行地理标签。关闭 Wingtra 电源从相机中取出 SD 卡并将卡插入到平板中，单击“开始地理标签”，添加 GPS 信息。

（3）检查并保存图像。

5.3.4 航测数据处理与成果

1. 飞行数据的整理导入

将整理好的外业航测数据资料导入到 Context Capture Center Master 软件中，将外业航测所得影像资料与控制点坐标数据在该软件中进行处理准备。

2. 数字高程模型生成

将图像资料以及测量数据导入到 Context Capture Center Master 软件后，首先使用 POS 数据对航摄影像坐标进行自动相对定向、模型连接、航带间转点等；然后打开 Context Capture Center Engine 软件，完成空中三角运算；最后返回 Context Capture Center Master 软件，对模型进行分块设置，最终得到乌海白石头沟三维视图模型如图 5.12 所示。

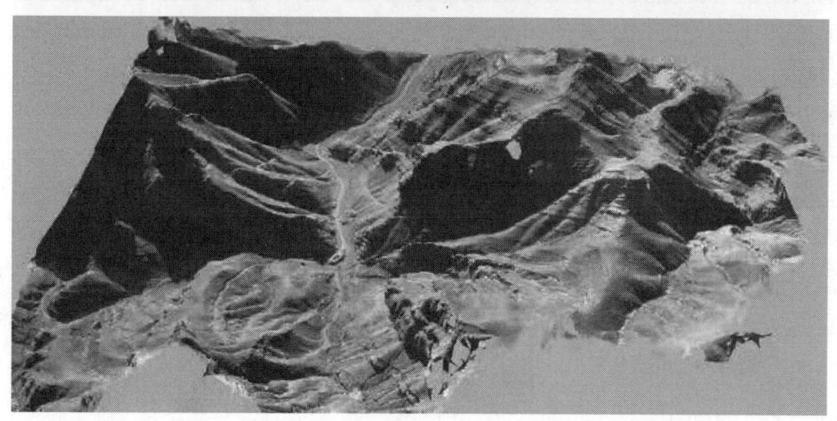

图 5.12（一） 乌海白石头沟三维视图模型

图 5.12（二）　乌海白石头沟三维视图模型

5.4　大沙河渠道地形图航测

5.4.1　项目概况

南水北调总干渠河渠交叉建筑物——大沙河渠道位于河南省博爱县阳庙镇鹿村村南约 300m 处。本项目需要完成温博段大沙河和潮河段丈八沟 1∶2000 地形图测绘及纵断面绘制工作，要求采用南水北调中线干线施工坐标系统，即高程采用 1985 年国家高程基准，坐标系采用 1954 年北京坐标系。

南水北调河渠交叉建筑物中心线上游 2000m、下游 3000m，测量宽度为横断面宽度外边线应以河道两岸现状堤防外坡脚外延 200m，若无明显堤防则以河道开口边外延 200m；河道带状图测图比例尺 1∶2000；在测量的地形图中应标注房屋、树林、坟地、坑塘、桥梁等地面附着物。

河道纵断面测量：测绘河道中心线，左、右地面线三条纵断面。横断面测量：间距一般为 100m，测量宽度为横断面宽度外边线应以河道两岸现状堤防外坡脚外延 200m，若无明显堤防则以河道开口边外延 200m。需要加测断面（间距加密到 50m）：跨河建筑物（如桥梁）；遇河道地形变化；河道弯道处；局部地形复杂等。建筑物（桥）位置、河道中心线、左右堤在纵断面上标注清楚，各横断面均提供大地坐标并标注在河道地形图上。

5.4.2　项目前期规划

根据航测要求，使用无人机对焦作南水北调中线总干渠河渠交叉建筑物河道地形进行航测。对于要求的区域地理信息，进行航测前期规划，前期的规划包括对业主要求的航测区域进行初步分析，确定是否满足航测条件。

将 Wingtra 无人机运用到南水北调中线总干渠河渠交叉建筑物河道地形航测项目中，具体前期规划如下所述。

1. 地图底图的下载

为防止现场测量环境的网络信号不稳定而出现问题，外业工作前下载好 Wingtra 脱机使用的地图。

2. 创建飞行计划

先确定起飞降落的原点，预设一个起飞降落原点，并设计指定区域（根据 Wingtra 飞行时长大致确定），到现场后根据起降点位置的净空以及实地情况确定是否需要调整，确保飞行路线上没有明显的障碍物出现，设置转换高度至少 50m。为此次飞行计划添加数据采集区域，确定想要到地面的取样距离 400m，调整飞行方向 180°，并增加额外角标，直到划定到业主要求的航测区域，最后调整图片的旁向重叠度，设置旁向重叠度 80%。调整地理围栏，横向区域设置为 1200m，垂直地理围栏设置为 400m。

5.4.3 外业航测作业

由第 3 章所述 Wingtra 无人机外业航测作业主要分为现场设定飞行、飞行并拍摄照片和图像的处理三部分。

到达大沙河勘测项目现场之后，安装尾部支架，给 Wingtra 通电，在平板上打开 Wingtra Pilot，把遥测连接到平板，把平板固定在平板卡托上，然后打开遥控，根据实地地形和土质条件选择合适的起降点，确定好起降点位置后，按照第 3 章所述操作流程准备起飞飞机。该过程需要全程监控，确保飞行顺利进行。

飞机开始飞行后，仍然需要手持平板对飞行过程进行实时监控，观察 Wingtra 关于剩余电量和 GPS 质量的信息。

在飞行结束、飞机安全降落后，将采集到的图片保存在相机的 SD 卡中，给图像添加地理位置标签，具体操作流程如下：

（1）下载地理标签。

（2）在平板上对图像进行地理标签。关闭 Wingtra 电源从相机中取出 SD 卡并将卡插入到平板中，单击“开始地理标签”，添加 GPS 信息。

（3）检查并保存图像。

5.4.4 航测数据处理与成果

1. 飞行数据的整理导入

将整理好的外业航测数据资料导入到 UAS Master 软件中，将外业航测所得影像资料与控制点坐标数据在该软件中进行处理准备。

2. 数字高程模型生成

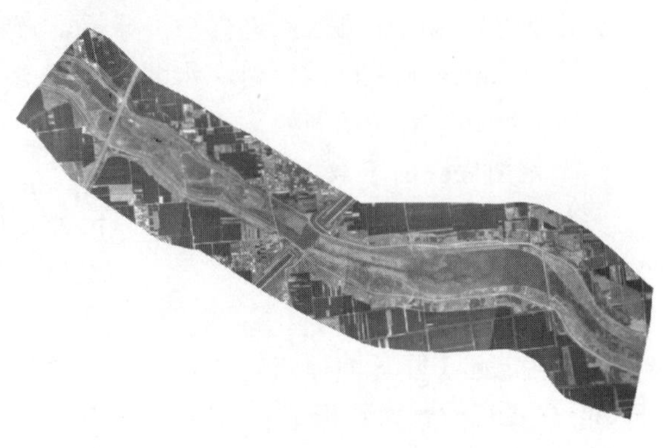

图 5.13 大沙河渠道正射影像

将图像资料以及测量数据导入到 UAS Master 软件后，首先使用 POS 数据对航摄影像坐标进行自动相对定向、模型连接、航带间转点等，完成自动空中三角测量；然后从影像中提取数字表面模型（DSM），再进行滤波处理得到 DEM；对生成的 DEM 影像进行数字微分纠正，得到正射影像 DOM；最后对正射影像进行拼接和镶嵌匀色，得到影像成果图，大沙河渠道正射影像如图 5.13 所示。

3. 航测成果生成

在使用 UAS Master 软件之后，生成正射影像图的同时，将航摄影像进行处理得到 .las 格式点云数据。根据本项目航测要求，对点云数据进行抽稀等处理，得到高程点云数据，再通过 Arcgis 和南方 CASS 软件对高程点进行处理，将处在河道、树木、房屋上的高程点进行删除处理，得到地面高程点。大沙河渠道地形、地物信息及渠道横纵断面成果分别如图 5.14～图 5.16 所示。

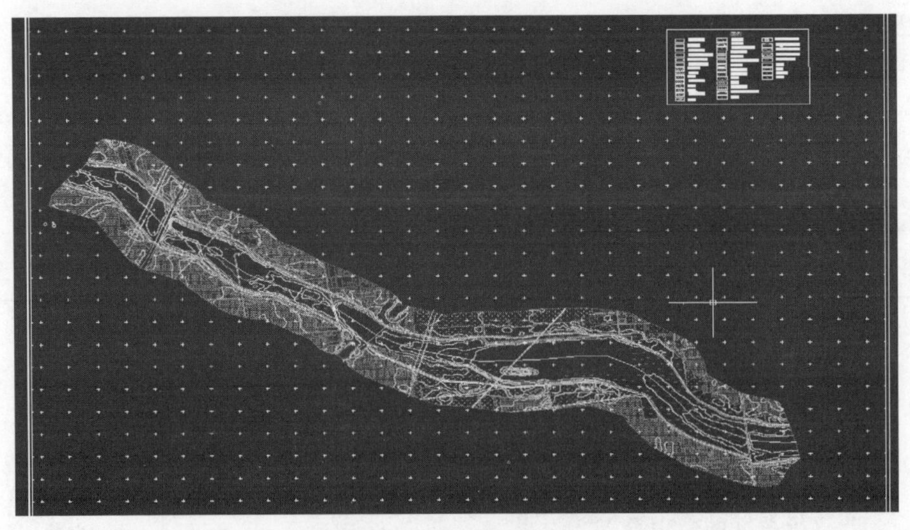

图 5.14 大沙河渠道地形

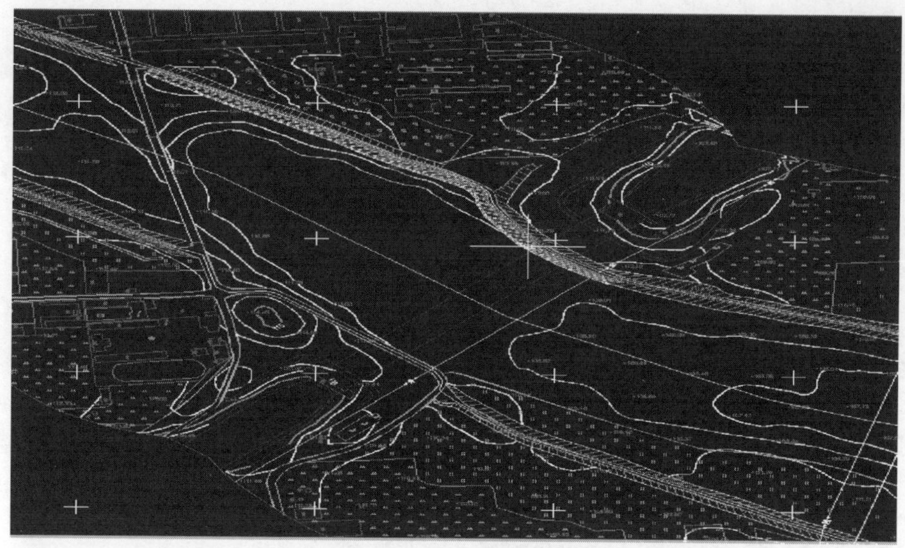

图 5.15 地物信息

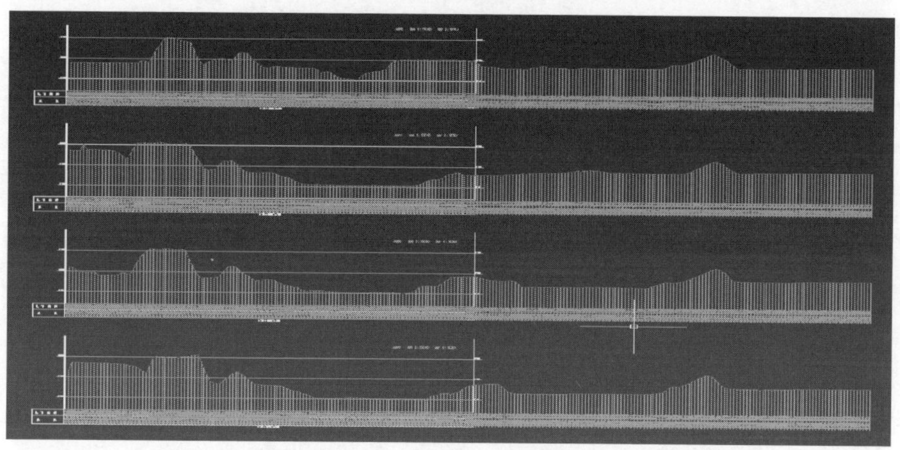

图 5.16 渠道横纵断面成果

5.5 本章小结

阐述了 Wingtra 无人机在太湖县风力发电项目、坞罗水库地形、乌海白石头沟三维建模和大沙河渠道地形航测项目的实际应用。通过项目前期规划、外业航测作业、航测数据处理等步骤，达到项目要求目标，充分发挥了 Wingtra 无人机的优势。

参 考 文 献

[1] 王博，梁钟元，范天雨．天宝 UX5 无人机航测关键技术及其工程应用［M］．北京：中国水利水电出版社，2019.

[2] 姜连涛．解密无人机的前世今生［J］．第二课堂：英语版，2018（5）：12-16.

[3] 吴立新，刘平生，卢健．无人机分类研究［J］．洪都科技，2005.

[4] 孙杰林，崔红霞．无人机低空遥感监测系统［J］．遥感信息，2003（1）：49-50，27.

[5] 聂相田，施楠，范天雨，等．基于灰色模糊理论的航测无人机飞行安全风险评价［J］．华北水利水电大学学报（社会科学版），2018（3）：20-25.

[6] 袁修孝，张雪萍，付建红．高斯-克吕格投影坐标系下 POS 角元素的转换方法［J］．测绘学报，2011，40（3）：338-344.

[7] 江晓欢．基于局部不变特征的航空影像自动匹配方法研究［D］．南京：南京师范大学，2014.

[8] 赵丽梅．基于 UCXp 航摄影像的像控点布设方案探讨［J］．中国新技术新产品，2014（22）：11-12.

[9] 苏世伟，汪云甲．通过控制点布设探究航测精度［J］．测绘科学，2012，37（6）：115-117.

[10] 韩友美．优化 UAVRS-F 摄影测量高程精度的方案与技术研究［D］．青岛：山东科技大学，2008.

[11] 张文博．无人机航测技术在土地综合整治中的应用研究［D］．长沙：长沙理工大学，2013.

[12] 陈凤．基于无人机影像空中三角测量的研究［D］．南昌：东华理工大学，2012.

[13] 马廷超．无人机摄影测量系统在大比例尺测图中的应用研究［D］．成都：成都理工大学，2018.

[14] 何敬．基于点线特征匹配的无人机影像拼接技术［D］．成都：西南交通大学，2013.

[15] 张涛．图像超分辨率重建算法研究［D］．重庆：重庆大学，2013.

[16] 张凯南．基于 SIFT 算法的低空摄影测量影像匹配方法研究［D］．西安：长安大学，2016.

[17] 毛家好．无人机遥感影像快速无缝拼接［D］．成都：电子科技大学，2011.

[18] 刘学．基于特征的彩色图像配准技术研究［D］．长沙：国防科学技术大学，2010.

[19] 李广静．无人机低空遥感影像的应用及精度实证研究［D］．郑州：华北水利水电大学，2018.

[20] 杨彦梅．无人机低空航摄系统在土地承包经营权确权中的应用［D］．北京：中国地质大学（北京），2017.

[21] 郭忠磊，滕惠忠，张靓，等．海岛区域低空无人机航测外业的质量控制［J］．测绘与空间地理信息，2013（11）：27-30.

[22] 范天雨，董浩，田振兴，等. 无人机在工程测量中的应用 [J]. 山西建筑，2017，43 (11)：202-203，217.

[23] 孙吉海，范天雨，王博. UX5 无人机在地形测量中的应用研究 [J]. 内燃机与配件，2018 (21)：185-187.

[24] 沈泉飞，黄梦雪，朱艳慧，等. 无人机遥感在基础测绘快速更新中的应用 [J]. 现代测绘，2018，41 (4)：25-28.

[25] 蒋凤保，金爱兵，徐艳丽，等. 威特无人机航摄系统在露天矿开采中的应用 [J]. 北京测绘，2019，33 (3)：323-327.

[26] 王维洋. 无人机摄影测量快速建模技术及其工程应用 [D]. 郑州：华北水利水电大学，2017.

[27] 张启万. 论无人机航测技术在工程测量中的应用 [J]. 居舍，2019 (20)：192.

[28] 李超宗. 结构工程数据采集与摄影测量数字建模技术研究 [D]. 郑州：华北水利水电大学，2017.

[29] 陈大平. 测绘型无人机系统任务规划与数据处理研究 [D]. 郑州：解放军信息工程大学，2011.

[30] 毕凯. 无人机数码遥感测绘系统集成及影像处理研究 [D]. 北京：中国测绘科学研究院，2009.

[31] 周占成，朱陈明. 无人机航摄系统获取 DOM 的技术研究 [J]. 测绘标准化，2011，27 (3)：16-18.

[32] 张雪萍，刘英. 无人机在大比例尺 DOM 生产中的应用 [J]. 测绘标准化，2011，27 (4)：25-27.

[33] 鲁恒，李永树，何敬. 大重叠度无人机影像自动展绘控制点方法研究 [J]. 国土资源遥感，2011 (4)：69-73.

[34] 朱晓康. 1∶500 无人机大比例尺测图关键技术及应用研究 [D]. 武汉：武汉大学，2018.

[35] 程远航. 无人机航空遥感图像动态拼接技术的研究 [D]. 沈阳：东北大学，2009.

[36] 梁生甫，王延莲，刘鲁军，等. 基于无人机影像的正射影像制作方法 [J]. 青海大学学报（自然科版），2012，30 (4)：54-58.

[37] 刘文肖. 无人机航空摄影测量在土石方量计算中的应用 [J]. 现代测绘，2018，41 (2)：6-8.

[38] 张红亮，胡波，蔡元波. GPS-RTK 技术在土方测量中的应用 [J]. 城市勘测，2008 (5)：83-85.